피코레이저의 임상적 활용 및 문신제거 시술기법

저자 박재웅
안태환, 이민호

도서출판 대한의학

서문

최근 들어 많은 젊은이들이 문신을 새기고 있습니다.

연예인, 스포츠 스타 등 인플루언서 뿐만 아니라 대학가에만 가더라도 식당, 옷 가게 등에서 일하는 평범한 젊은이들이 문신을 한두 개쯤은 새긴 것을 흔히 볼 수 있습니다.

그러나 문신을 몸에 새긴 사람들의 90% 이상이 5년 전후가 되면 그 문신을 지우고 싶어 한다고 합니다.

제가 문신제거를 시작한 지 어언 20년 동안 수많은 문신을 지워왔습니다. 그리고 문신을 깨끗이 지워드렸을 때 그들의 환한 미소와 기뻐하는 모습에 항상 보람을 느끼며 일을 계속 하고 있습니다.

문신 제거를 홍보하는 가게, 그리고 일반 병원에서 문신을 지우다 실패하여 오히려 많은 흉터를 남긴 채로 본원에 방문하는 것을 보면 너무 속상하고 화가 나기도 했습니다.

그래서 더 이상 이런 피해자들이 나오질 않길 바라는 마음에 책을 저술하기로 마음을 먹었고, 20년간 문신을 지우면서 얻게 된 노하우와 문신제거 기술의 대부분을 이 책에 실었습니다.

아직도 많은 의사 선생님들이 문신제거를 주저하시는 이유는, 작은 실수에도 돌이킬 수 없는 흉터나 오랜 기간을 안고 가야 하는 화상 등의 여러 부작용이 존재하기 때문입니다. 그리고 이런 부작용들은 필연적으로 환자들과의 갈등을 겪게 되기 때문입니다.

저는 대학교수도 아니고 병원에 연구 시설이 있는 것도 아니기에 본서의 내용이 부실하고 때로는 부족할지도 모릅니다. 그러나 저의 수많은 경험을 바탕으로 최대한 많은 노하우와 기술을 담기 위해 노력하였습니다.

많은 의사 선생님들 그리고 환자분들이 이 책을 읽으시고 조금이나마 도움이 되셨으면 합니다.

2024년 11월

클린타투의원 박재웅 원장

목 차

피코레이저의 임상적 활용 및 문신제거 시술기법

1 의학 레이저의 구분

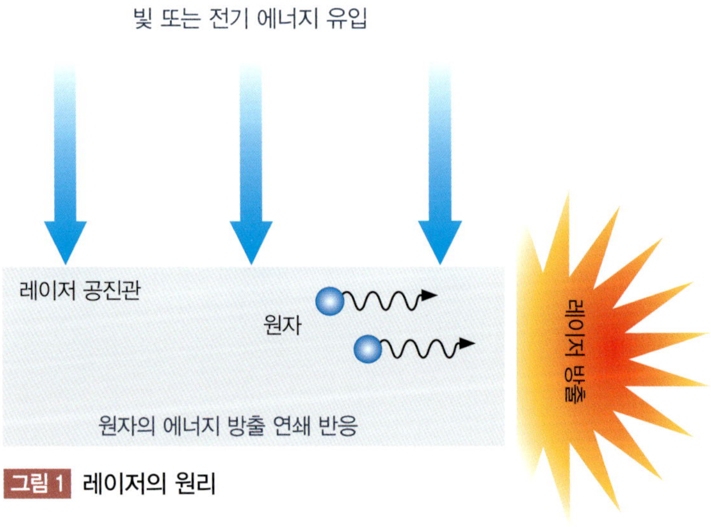

그림 1 레이저의 원리

레이저 공진관 안에 있는 매질에 빛(광자)이나 전기를 가하면 공진관 안에서 매질 원자가 흥분 상태로 되었다가 다시 기저 상태로 돌아오면서 광자를 방출하는데 이 광자가 주위의 흥분된 전자를 만나면 배수의 광자를 방출하게 된다(이 연쇄 반응을 유도 방출이라 함). 이 과정이 공진관 안에서 반복되면서 수많은 광자가 생기는데 많게는 10 (20) 이상의 광자가 만들어진다. 이때 레이저 한편의 일부가 투과 가능한 거울을 통해서 큰 에너지가 방출하게 된다.

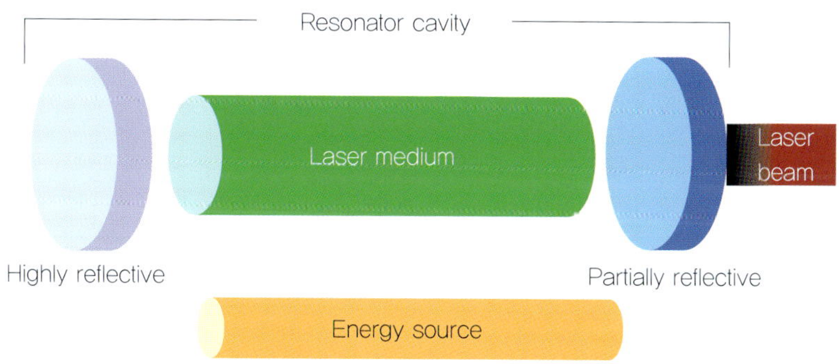

그림 2 레이저 구분

좀 더 간단하고 쉽게 레이저 구성을 보면 위 그림과 같이 4부위로 구성되어 있다.

외부 에너지원, 레이저 매질, 광학 공진기, 레이저 빔 나오는 장치(전달 장치)로 구성되어 있다.

이 중 매질이 무엇인가에 따라 레이저를 분류할 수 있으며 표 1과 같이 분류한다.

표 1 Laser media: Substance which produces laser energy

Laser type	Lasing media	Wavelength
Liquid	Dye	585, 595 nm
Gas	CO_2	10,600 nm
	Argon	510 nm
	Excimer	308 nm
Solid	Ruby	694 nm
	Alexandrite	755 nm
	Er:YAG	2,940 nm
	Nd:YAG	1,064 nm, 1,320 nm
	Diode	808,810 nm, 1,450 nm

발색단(chromophore): 레이저가 조사되었을 때 가장 먼저 레이저 빔에 반응하는 물질을 말하며 피부과 영역에서는 특정 빛을 흡수하는 피부의 구성 성분을 말한다. 매질에 따라 고유 레이저 파장이 결정되고, 또 방출된 파장에 따라 각각 발색단의 우선순위가 결정된다.

Typical chromophore: laser absorbing matters in tissue

- Water
- Unoxygengated hemoglobin
- Oxygenated hemoglobin
- Protein (collagen)
- Tattoo particles

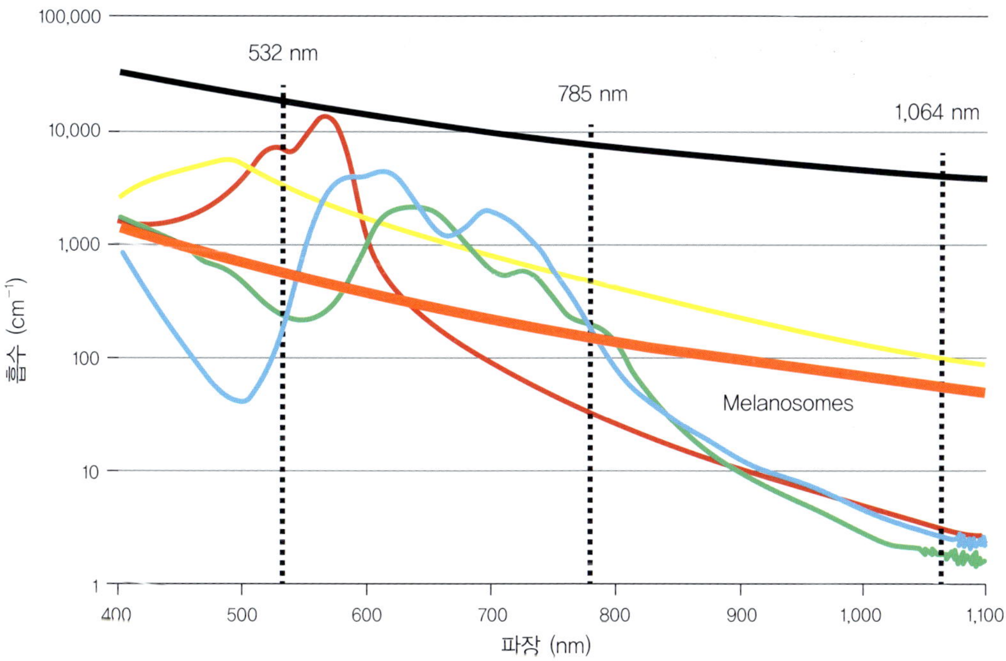

그림 3 파장별 발색단

위 그림과 같이 532 nm 파장은 red, yellow 색소 순으로 반응하게 된다. 반면 785 nm 파장에서는 yellow와 blue 색소가 먼저 반응하게 된다.

2 색소레이저의 종류

우리가 주로 사용하는 고체 레이저는 매질에 따라 크게 3가지 레이저로 구분한다.

1. 매질에 Nd-YAG가 들어 있을 경우
   - 1,064 nm 파장이 나오게 되며 렌즈를 이용하여 파장을 반으로 나누면 532 nm 파장도 나올 수 있다.
2. 매질에 alexandrite가 들어 있을 경우
   - 755 nm 파장이 나온다.
3. 매질에 ruby가 들어 있을 경우
   - 694 nm 파장이 나온다.

3 피코레이저 비교

Wavelength – 1,064/532 nm

Picosecond laser	Power control	Maximum energy	Pulse width	Peak power
PicoWay	O	400 mj/200 mJ	450 ps/375 ps	0.9 GW/0.53 GW
Majesty	O	500 mj/250 mJ	250 ps/190 ps	2.0 GW/1.3 GW
PicoPLUS	O	800 mj/400 mJ	450 ps/450 ps	1.8 GW/0.9 GW
PICOHI	O	500 mj/250 mJ	300 ps/275 ps	1.67 GW/0.91 GW
PicoPreimium	O	500 mj/250 mJ	350 ps/300 ps	1.4 GW/ 0.83 GW

Wavelength – 755 nm

Picosecond laser	Power control	Maximum energy	Pulse width	Peak power
PicoSure	X	200 mJ	550 ps – 750 ps	0.36 GW
PicoSure Pro	O	300 mJ	500 ps – 900 ps	0.54 GW
PicoAlex	O	230 mJ	600 ps	0.38 GW

표 1 피코레이저의 비교

시중에 너무 많은 레이저가 나와 있어서 몇 가지 대표적인 레이저만 뽑아서 정리해 보았다. 이 외에도 많은 종류의 레이저가 나와 있다.

본원에서는 2015년도부터 여러 가지를 사용해 왔으나 주로 1064는 피코웨이 레이저를 사용해 왔다.

피코웨이 레이저는 빔이 부드럽고 출력이 일정하여 환자에게 좀 적은 통증을 줄 수 있고 상대적으로 다른 레이저보다 빔이 부느러운 특징이 있다. 그러나 만든 지 10년이나 지났지만 아직 좀 더 업그레이드된 레이저가 나오지 않아 최근 나온 레이저에 비해서 약간 출력이 떨어지는 경향이 있다.

피코플러스 레이저는 한국의 루트로닉 사에서 만든 레이지로 출력이 800 mJ까지 업그레이드 되어서 강한 파워가 무기이다. 하지만 아직 빔이 부드러움에서 약간 아쉬

움을 남긴다. 문신제거 후반기에 문신이 많이 지워졌을 경우나 피부가 좀 두꺼워진 부분의 문신제거에는 개인적으로는 피코웨이보다 더 좋은 것 같다.

피코마제스티는 (주)원텍에서 개발한 레이저로 pulse duration이 250 ps까지 짧아지고 기존 피코레이저보다 빔도 현저히 안정화되어 기대가 되는 레이저이다.

그 외에 해외로 주로 수출되는 피코 프리미엄 레이저도 가격에 비해 너무 잘 만들고 성능도 좋아서 국내에서도 이제 많이 팔릴 것으로 기대된다.

2013년쯤 처음 나온 피코슈어 레이저는 기존의 Q 스위치 아콜레이드 레이저를 피코레이저로 만든 세계 최초의 755 피코 레이저다.

기존 아콜레이드보다 파워도 좋아지고 빔 속도가 짧아져 색소치료나 문신 치료에서 한 단계 발전된 혁명 같은 레이저였다. 하지만 피코슈어 레이저도 문신제거 후반기에는 출력이 약하다는 단점이 항상 아쉬웠는데, 2023년 피코슈어 프로가 나오면서 기존 출력의 50%가 향상되어 컬러 문신제거에 최적화된 레이저가 나오게 되었다. 하지만 가격대가 3억 원에 육박하여 많은 선생님들이 접근하기에 부담이 적지 않을 것으로 생각된다.

피코알렉스 레이저는 한국의 (주)원텍에서 세계 두 번째로 나온 755 피코 레이저로, 피코슈어보다 출력도 좋고 가격도 합리적으로 결정되어 한국 의사들이 많이 사용할 수 있을 것으로 판단된다.

세계에서 1064 nm와 755 nm 피코 레이저 모두를 양산하는 곳은 한국의 (주)원텍 외에는 없는 것으로 알고 있기에, 나는 개인적으로 이 곳이 참 자랑스럽다.

4 Q-switched laser와 Pico switched laser의 차이

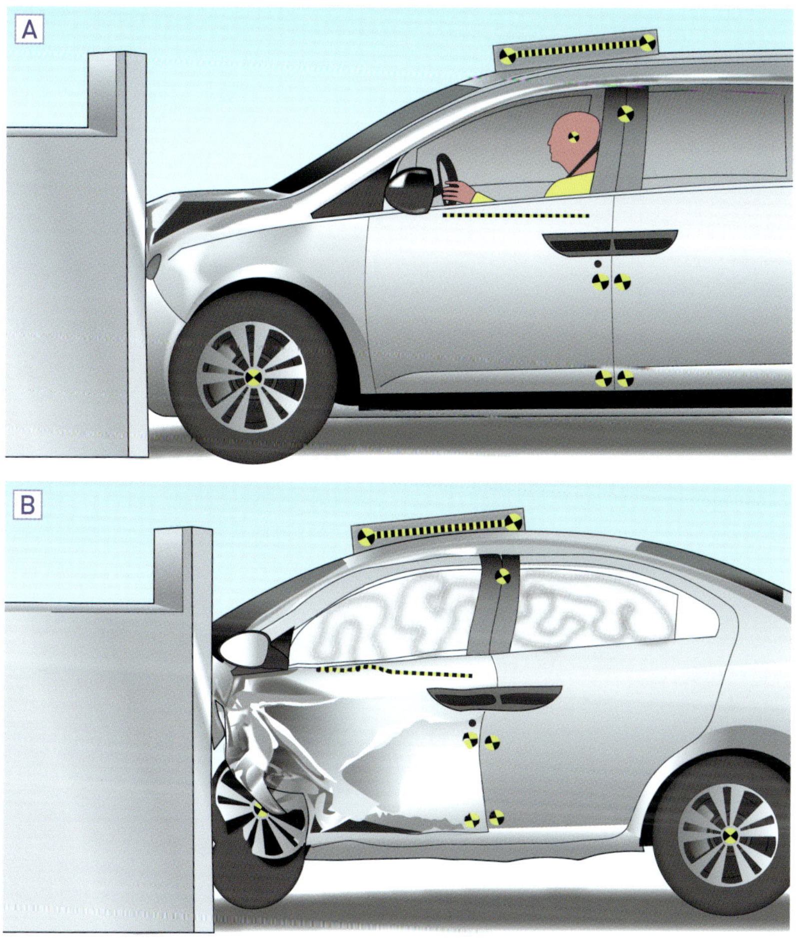

속도가 빠를수록 파괴력이 크다.

그림 1 자동차 충돌 실험 예시

(**A**) NANO. Nanosecond pulse: One billionth of a second ($1/10^{-9}$). (**B**) PICO. Picosecond pulse: One trillionth of a second ($1/10^{-12}$)

위 그림에서 알 수 있듯이 속도는 파괴력과 비례한다. 나노 단위의 레이저보다 피코 단위의 레이저가 속도가 50~100배 빠르다는 것은 파괴력이 그만큼 큰 것을 의미한다.

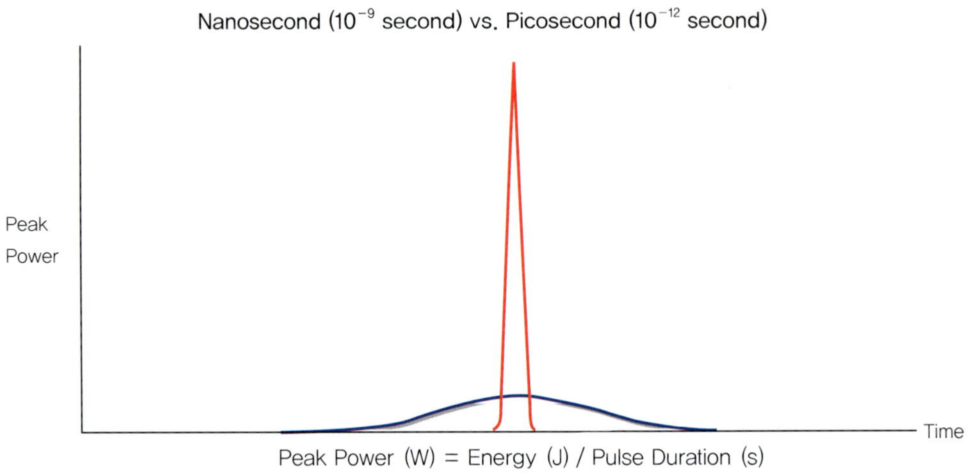

그림 2 나노와 피코 비교 1

붉은색이 피코레이저인데 그림과 같이 peak power는 강하고 Pulse duration은 짧아서 레이저 조사 시 열손상을 적게 준다.

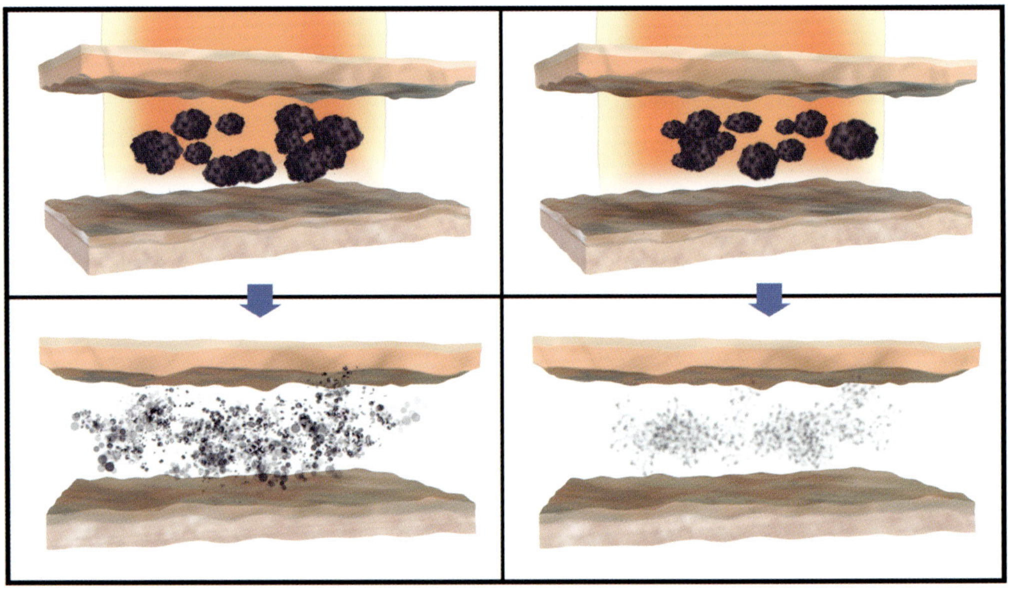

Nanosecond (10^{-9} second) Picosecond (10^{-12} second)

그림 3 나노와 피코 비교 2

잉크에 레이저 조사 시 피코레이저로 조사하면 훨씬 더 잘게 잉크를 파괴할 수 있다.

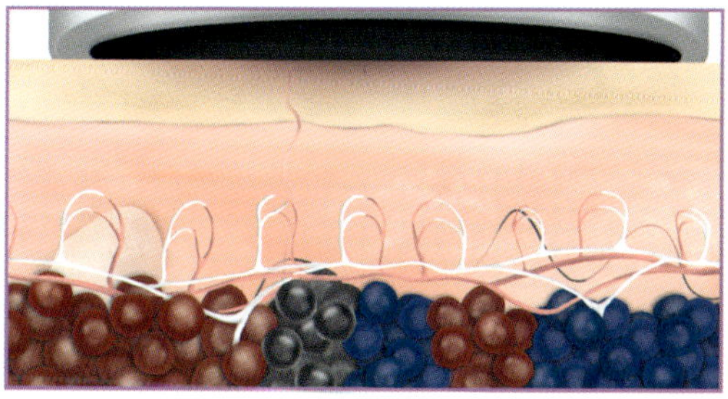

Tattoo ink Paticles before treatment with nanosecond technology

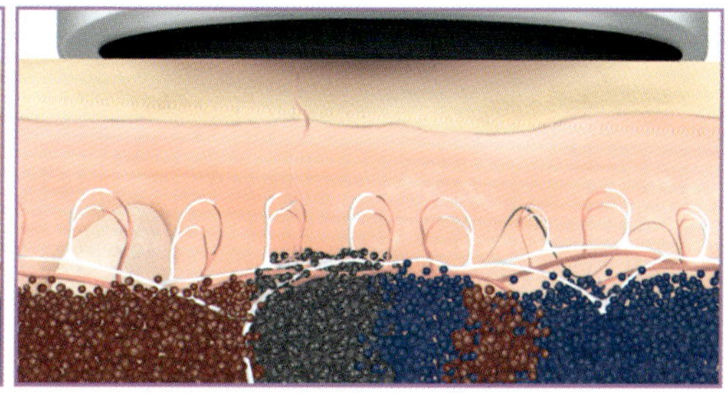

Nanosecond lasers have proportionally more photothermal action, which heats the pigment and surrounding tisssue

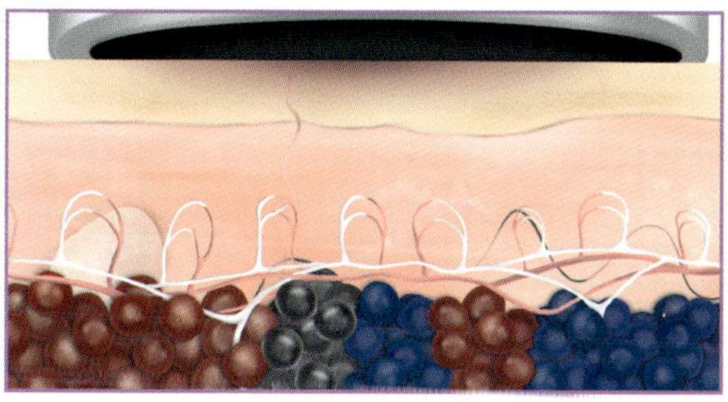

Tattoo ink particles before treatment with Picosecond lasers

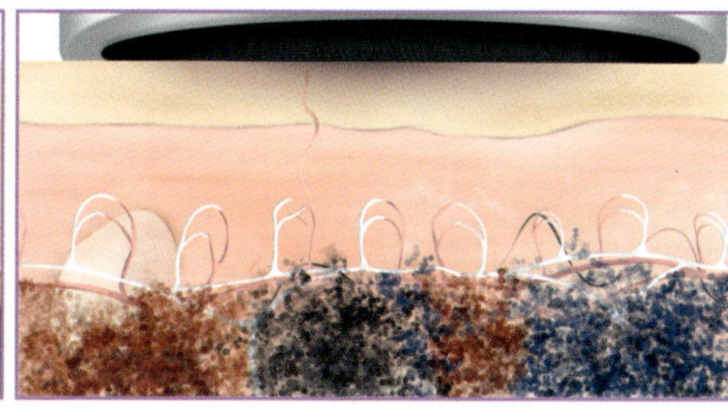

Picosecond lasers uses picosecond technology to shatter the pigment into miniscule particles that can easily be removed by the body

그림 4 나노와 피코레이저 시술 전후

여러 색의 타투 잉크에 Q 스위치 레이저 조사 시보다 피코레이저 조사 시 입자가 훨씬 작게 분말 형태로 부수어진다.
(출처: Lasers Surg Med 2018;50:851–8)

5 피코단위 레이저의 장점

1. Peak power가 대단히 커서 파괴력이 크다.
2. Pulse width가 나노초 단위 레이저의 1/10 이하로, 열 손상이 줄어든다.

구체적으로 나노세컨드와 피코세컨드의 차이가 무엇일까? 피코레이저는 높은 최대 에너지를 사용하고도 thermal side effect가 적다고 이야기한다. 조직학적으로 차이를 알 수 있을까? 이런 의문이 생긴다. 이러한 궁금증에 대하여 발표한 논문을 하나 소개하려고 한다. 532 nm 파장의 나노와 피코레이저로 흑자를 치료하고 나서 조직 변화를 보여주는 논문이다.

Lasers in Surgery and Medicine
ENERGY-BASED THERAPEUTICS AND DIAGNOSTICS

ASLMS
AMERICAN SOCIETY FOR LASER MEDICINE & SURGERY, Inc.

Clinical Reports

Prospective study of removing solar lentigines in Asians using a novel dual-wavelength and dual-pulse width picosecond laser

Kei Negishi MD, PhD, Hirotaka Akita MD, PhD, Yukiko Matsunaga

First published: 02 April 2018 | **https://doi.org/10.1002/lsm.22820** | Citations: 46

Conflicts of Interest Disclosures: All authors have completed and submitted the ICMJE Form for Disclosure of Potential Conflicts of Interest and none were reported.
The institution with which Kei Negishi, MD., PhD. is affiliated received an equipment loan and research funding for this study.

(출처: Lasers Surg Med 2018;50:851–8)

레이저 조사 후 멜라노솜과 주위 조직 변화를 보여주는 사진이다.

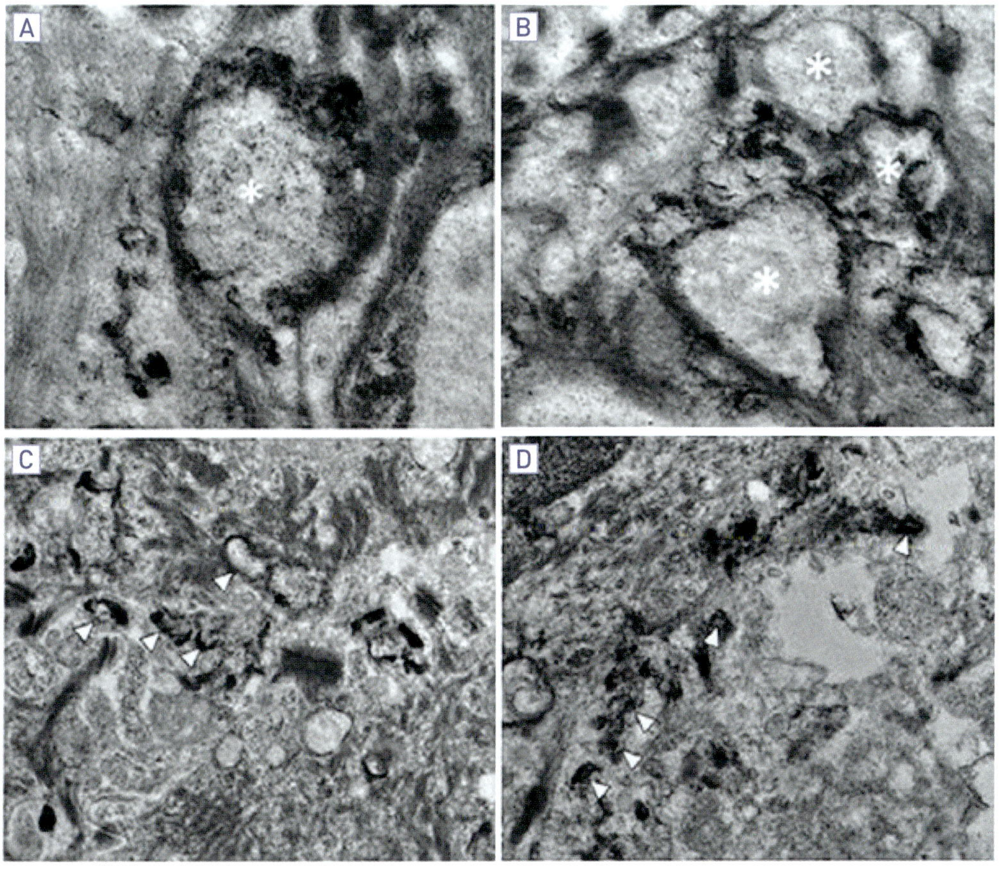

그림 1 **레이저 조사 후 멜라노솜과 주위 조직 변화**

(A, B) 나노세컨드 레이저 조사 후 조직 변화. (C, D) 피코레이저 조사 후 조직 변화.

(출처. Lasers Surg Med 2018;50:851–8)

나노세컨드 레이저 조사 후 멜라노솜의 변화는 멜라노솜이 파괴되고 주위 cytosol component까지 손상을 준 것을 보여주고 있고, 피코세컨드 레이저는 주위 조직 손상 없이 멜라노솜만 파괴된 것을 보여주고 있다.

기저막(basement membrane)의 변화를 비교해 보면 그림 2와 같다.

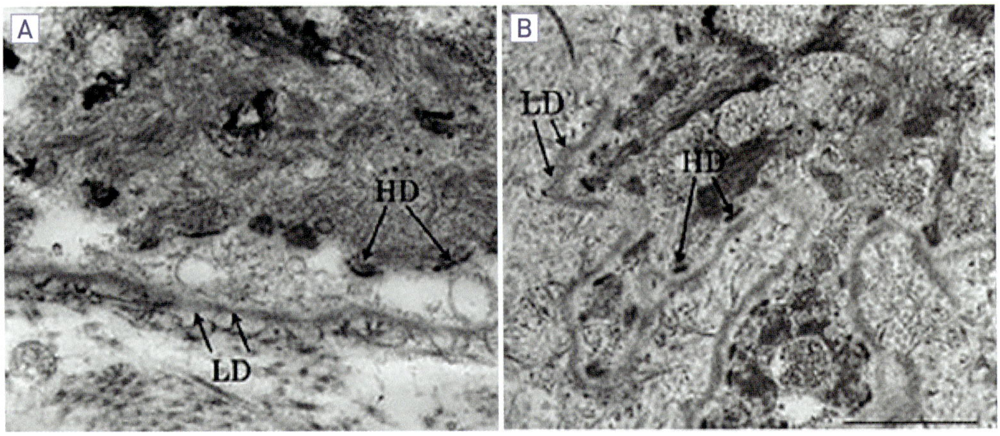

그림 2 레이저 조사 후 기저막의 변화

(A) 나노세컨드 레이저 조사 후 기저막의 변화. (B) 피코레이저 조사 후 기저막의 변화.

(출처: Lasers Surg Med 2018;50:851–8)

기저막의 변화는 나노세컨드 레이저에서는 hemidesmosome (HD)과 lamina densa (LD)가 분리된 것이 보이는 반면, 피코세컨드 레이저의 경우 유지된 것을 보여 준다. 조사된 레이저가 일반적으로 토닝에 사용되는 조사 값은 아니지만 상기 결과로 미루어 두 레이저의 조직학적 영향을 짐작해 볼 수 있을 것이다. 효과를 볼 수 있는 적절한 에너지를 나노와 피코레이저가 조사했다는 가정하에 같은 효과를 보기 위해서는 나노세컨드 레이저는 피코레이저보다는 조직학적으로나 EM상으로 aggressive 할 수 있다. 토닝으로 같은 효과를 보는 에너지로 나노토닝과 피코토닝을 했을 때 이와 비슷한 상황이 연출될 가능성이 높은 순간 출력을 사용하더라도 적은 열 손상이 있으므로 기미 환자의 멜라닌 세포를 훨씬 덜 자극할 수 있는 것이다.

이러한 차이는 레이저의 조사시간(pulse duration)이 타겟의 SRT에 얼마나 더 가깝냐의 차이가 있기 때문이다.

다음은 SRT의 공식이다.

Stress relaxation time of melanosome

$$\tau_S = \frac{\Delta}{C_S}$$

Δ → 500 nm = r of melanosome

C_S → 1,500 m/s

그림 3은 멜라노솜에 레이저 조사 후 shockwave가 방출되는 것을 보여주는 사진이다.

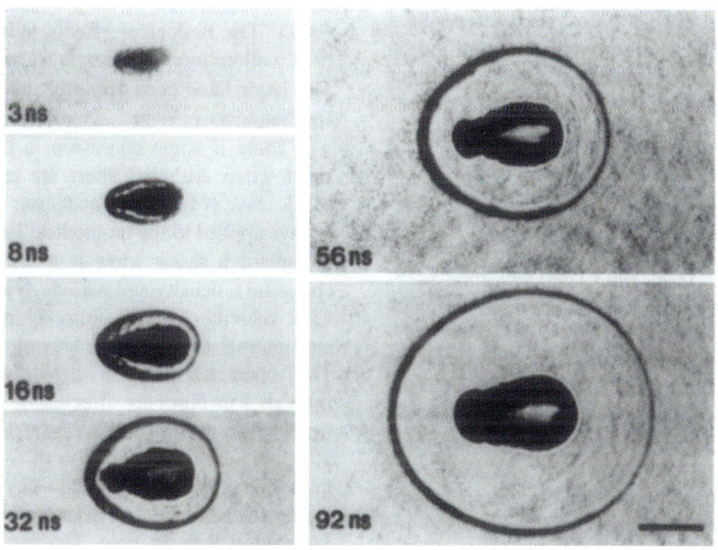

그림 3 멜라노솜에 레이저 조사 후

(출처: Ultrasound Med Biol 1996;22:151–64)

조사시간이 짧아서 타겟의 SRT에 가까울수록 이런 shockwave 방출이 적고 조사시간이 길면 타겟의 SRT에 멀어지고 이러한 shockwave가 강력하게 방출되어 타겟과 함께 주위 조직을 물리적으로 파괴할 가능성이 높다.

6 피코레이저의 임상적 적응증

2021년 review of article에서 발췌한 표이다.

표 1 Summary and Recommendations

Indication	Level of evidence	Recommendation
Nevus of Ota	Level 1b	피코세컨드 레이저는 Ota Nevus and Hori macula에 대하여 a first–line treatment option으로 고려될 수 있다. Solar lentigins, freckles도 높은 안전성과 효과적으로 반응하다. Café au lait macules은 긍정적 효과를 보인다.
Hori's macules	Level 1b	
Solar lentigines	Level 2b	
Freckles	Level 2b	
Café au lait macules	Level 3c	
All other benign pigmentary conditions	Level 4	
Rejuvenation	Level 2a	피코세컨드 레이저는 특히 레이저 옵션이 더 제한적일 수 있는 유색 피부에서 광재생을 위한 좋은 치료 옵션이다. 최적의 결과를 얻기 위해서는 비분획 및 분획 전달 모드를 모두 활용해야 한다.
Melasma	Level 2b	피코세컨드 레이저는 광보호제, 국소 표백제, 및 보조 치료 옵션으로 고려될 수 있다. 아마도 양성 색소 침착과 광 손상의 동시 감소의 혜택을 받을 수 있는 치료에 대한 동기가 많은 중등도에서 중증의 기미 환자를 위한 다른 레이저 및 전신 치료법일 수 있다.
Acne scars	Level 2b	분획 피코세컨드 레이저는 원하는 경증에서 중등도의 여드름 흉터 환자를 위한 치료 옵션으로 배치해야 한다. 다운타임을 최소화하고 다른 잘 정립된 치료법에 실패했을 수 있다. 유색 피부이거나 색소성 문제가 동시에 있는 여드름 흉터 환자도 분획 피코세컨드 레이저의 선택적 후보가 될 수 있다. Striae alba는 다음과 같이 치료할 수 있다. 분획 피코세컨드 레이저이지만 개선은 미미한 경향이 있다. 분획 피코세컨드 레이저는 비대 및 위축성 수술/외상 흉터에 대한 다른 치료법과 함께 보조 치료 방식으로 고려될 수 있다.
Striae alba	Level 2b	
Atrophlc and hypertrophic surgical scars	Level 3c	
Tattoo removal	Level 1a	피코세컨드 레이저는 현재 거의 모든 색상의 원치 않는 문신을 제거하는 gold standard treatment option이다.

(출처: Lasers in Surgery and Medicine, 2020; http://dx.doi.org/10.1002/lsm.23244)

Level 1이 임상적으로 검증된 치료가 된다. 그다음은 level 2 논문으로, 피코레이저가 gold standard, 즉 1차 치료로 고려되어야 할 것은 tattoo, ABNOM, Ota nevus이다. 피코레이저가 good treatment option, 즉 2차 치료로 고려되는 적응증은 흑자, 주근깨 기미, skin rejuvenation, scar treatment가 되겠다.

문신 치료는 피코레이저로 치료하는 것이 전 세계적으로 1차 치료로 받아들여지고 있다.

쉬어가는 시간

1. TRT란?

The time needed for 50% of the heat generated by absorption of a laser pulse to diffuse into the surrounding tissue, and is approximately equal to the square of the diameter of the target structure.

즉, 레이저를 조사해서 어떤 타깃이 맞았을 때 만약 30도에서 130도로 순간온도가 올라갔다가 130도에서 80도(변화량 100도만큼 순간 올라갔다가 그 50%인 50도)로 떨어지는데 걸리는 시간

2. Selective photo-thermolysis

Lasers that produce pulses of light shorter than the thermal relaxation time of certain chromophores are now used to selectively destroy targets.

레이저로 pigment cell을 조사한다 가정했을 때 laser의 pulse duration이 TRT보다 짧으면 주위 조직 손상 없이 원하는 타깃만 치료할 수 있다는 뜻이다.

3. Laser spot size와 침투 깊이

의사 선생님들이 흔히 하는 실수가 레이저 자체 출력이 약할 때 spot size를 줄이면 출력이 올라가기 때문에 문신이나 오타모반 등 깊은 부위에 있는 색소 치료 시, 작은 spot size를 이용해서 치료하기도 한다. 이런 경우 레이저 에너지가 색소에 도달하지 못하고 표피만 손상되는 경우가 자주 있다.

기억하자! Spot size를 키울수록 레이저 빔은 깊이 들어간다.

4. 파장에 따른 침투 깊이

파장이 길수록 깊이 침투한다. 그래서 1,064 nm 파장이 532 nm 파장보다 깊이 들어간다. 이런 원리를 이용해서 오타모반과 같은 진피층 깊이 있는 색소는 주로 1,064 nm 파장을 이용해 치료한다.

5. SRT (stress relaxation time)란? Selective photo-acoustolysis란?

Stress relaxation time of melanosome

$$\tau_S = \frac{\Delta}{C_S}$$

Δ → 500 nm= r of melanosome

C_S → 1,500 m/s

(출처: Lasers Surg Med 30:389 – 397)

물체가 급격하게 온도가 상승하여 팽창하면 음파(photoacoustic)를 발생시키는데 이에 필요한 특정시간.

에너지가 높고 펄스폭이 짧아 온도를 급격히 상승시킬 수 있는 조건이 되면 photomechanical effect (shock wave)로 인해 조직을 미세하게 파괴시킬 수 있다. 물체가 빛으로 열을 받아서 팽창하게 되면 음파를 발생하게 된다. 이것을 shock wave라고 한다.

예를 들어 핵폭탄이 터지면 물리적으로 팽창이 일어나면서 강력한 shock wave가 발생하고 수십 km 밖에는 바람처럼 나타나는 것처럼 SRT는 중앙에서 열이 집적돼서 에너지가 shockwave가 생기고 타겟의 중심에서 끝 마진까지 shockwave가 나가는 시간, 또는 나가서 photoacoustic 즉 소리가 나는 시간이라고 정의했다. 그 SRT보다 짧은 PD을 가지고 충분한 에너지를 조사하면 주위의 물리적 손상 없이 타겟을 photomechanical 하게 파괴할 수 있다. 이것이 SRT를 이용한 selective photo-acoustolysis이다.

즉 TRT와 같이 이해하면 어렵지 않다.

SRT를 구하는 공식은 굉장히 쉽다. 음파가 각 매질마다 나가는 속도는 모두 정해져 있다. 물에서 나가는 속도 공기 중에서 나가는 속도 등. 인체는 물이기 때문에 멜라노솜에서 음파가 나가는 속도는 물에서 나가는 속도와 같이 봤다. 이렇게 정해져 있고 멜라노솜의 반지름이 있다. 그것을 나누어 주면 멜라노솜의 중심에서 음파가 발생해서 마진의 끝까지 나가는 시간인 SRT를 구할 수 있는데 이것이 300 ps로 구해지는 것이다. 그것이 SRT이다.

7 LIOB (Laser induced optical breakdown)

1. Laser와 볼록렌즈를 이용한 광학적 붕괴

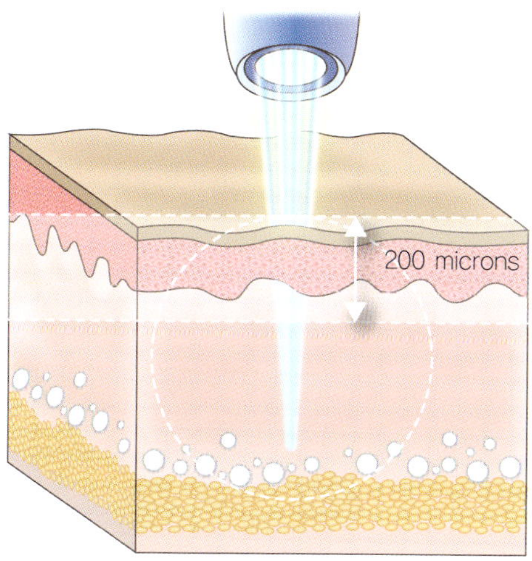

그림 1 LIOB 원리

(출처: Lasers Surg Med 2018;50:851-8)

레이저가 조사되는 중간, 레이저 핸드피스에 100개 정도의 작은 오목렌즈를 설치하면 레이저 빔이 100개의 작은 빔으로 쪼개어지면서 렌즈 뒤로 일정한 거리에서 가장 강한 에너지를 발산하세 되고 그 중간에는 피부의 손상을 받지 않게 된다.

이것이 피코레이저가 생각한 LIOB를 이용한 흉터나 모공 치료법으로 stratum corneum이나 epidermis를 보존하면서 일정한 깊이의 dermis를 파괴하는 것이다.

2. 플라스마(plasma)란?

기체가 높은 온도로 가열되면 이온화되는데, 이온화된 기체 상태를 플라스마라고 한다. 이때 굉음과 함께 빛이 발산하게 된다. 자연에서 발생하는 번개를 생각하면 된다. 기체가 가열되면서 핵 주위의 이온이 순간적으로 궤도를 벗어났다가 시간이 지나 정상궤도로 돌아올 때 빛과 함께 굉음과 에너지가 발산된다. 레이저를 조사하면 레이저 팁 2 cm 전후에 빛을 볼 수 있는데 이것 또한 플라스마 현상이다.

3. LIOB, LITB란

레이저를 조사하여 온도가 올라가면 조직의 변화가 온다.

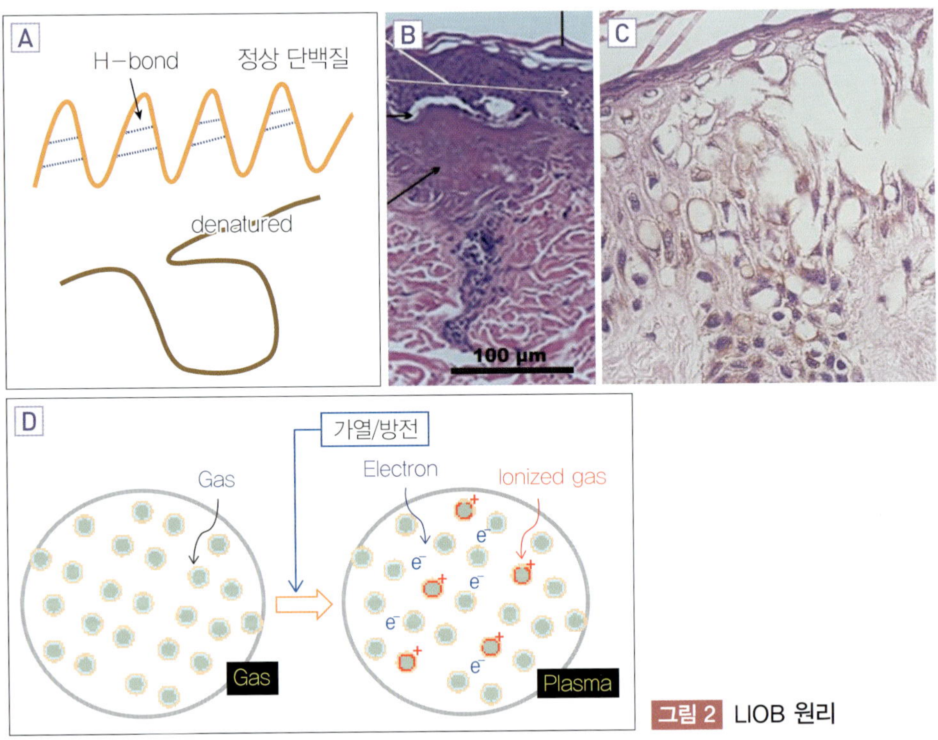

그림 2 LIOB 원리

정상 단백질은 3D structure인데 50도 정도 되면 선형의 2D structure로 변하는 현상을 denaturation이라고 하는데, 기역적인 상태와 비가역적인 상태로 구분되기도 한다. 온도가 더 올라가면 조직이 응고(irreversible state)되는데, 이보다 더 온도가 상승하여 섭씨 200-300도 이상 올라가면 조직의 explosive photoablation이 발생한다.

한편, 에너지를 강하게 쏴서 출력밀도를 올리면 플라즈마가 형성되는데, gas 분자와 electron이 섞여 있는 것이 플라즈마의 정의이다.

Optical breakdown이 일어나서 플라즈마가 생성되려면, 충분한 파워덴서티(출력밀도)가 필요하다. 이 그래프에서 보는 것처럼 pd는 ps이고 파워덴서티가 10의 11승 거의 테라와트 수준은 되어야 한다.

Optical breakdown은 레이저가 발색단에 흡수해서 열이 발생하는 과정(LITB)과 광학적으로 발생한 높은 출력밀도로 인해 발생(LIOB)하는 두 가지 반응이 있다.

먼저 LIOB에 대하여 이야기해 보면 출력밀도가 위에 보시는 10의 11승 이상이 되는 위치에서 조직이 변하는 현상이다.

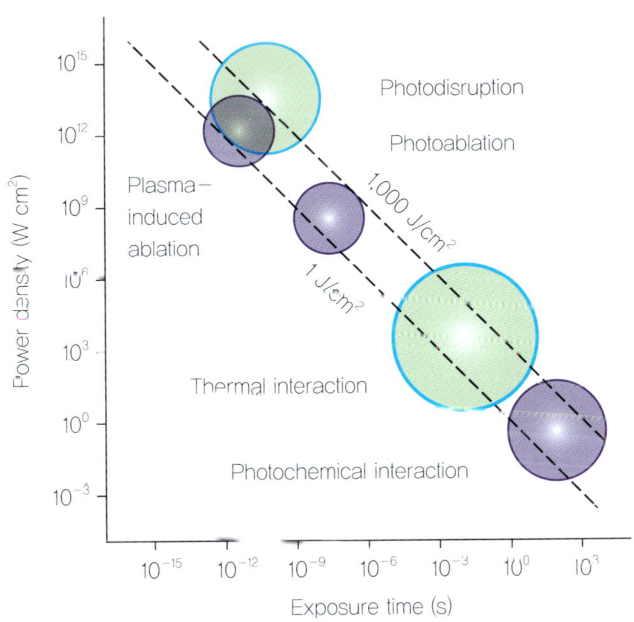

그림 3 피부 레이저의 원리와 선택

LIOB (laser induced optic break down)은 발색단의 흡수와는 상관없다.

빛은 전자기파의 특성을 가지므로 일단, 조직 내 10의 11승 이상의 출력밀도가 형성되면 LIOB가 발생한다.

광선이 도달한 뒤 발생한 전기장 때문에 조직 원자의 전자를 여기 상태(excited state)가 아닌 원자에서 분리시켜 버린다. 그 전자가 주위 원자에 연쇄 반응을 일으켜서 자유전자들을 많이 만들게 돼서 플라즈마가 형성되는 것이다. 다시 말해 그러려면 ps 레이저만큼 짧아야 되고 10의 11승 이상의 출력밀도가 형성되어야 한다.

다음은 LITB (laser induced thermal break down)에 대하여 설명한다. 그 플라즈마 형성의 시작, 즉 필요한 자유전자를 만드는 데 두 가지 방법이 있다. 하나는 포톤이 만들어져서 타겟에 흡수되고 고온이 형성되어 자유전자가 나오는 thermionic emission이 LITB의 시작이다.

Initiation of ionization

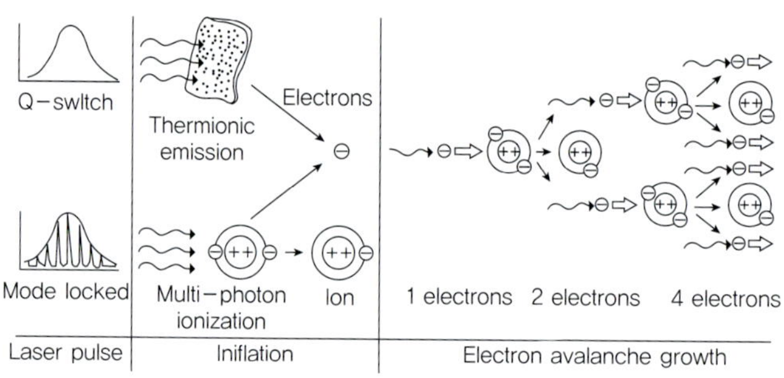

1. Thermionic emission: the release of electrons due to thermal ionization
(Chromophore-assisted free-electron generation)

2. Multi-photon ionization: the high electric field induced by the intense laser pulse
(Multiphoton-induced free-electron generation)

The initiation of plasma generation can be two-fold

그림 4 Initiation of ionization

(출처: V Bonito Philips Research, 2013 · core.ac.uk)

이 seed 일렉트론이 조사되는 포톤을 받아서 다른 원자의 전자를 충돌하고 이런 반응이 가속화되어 다수의 자유전자와 양이온 양전하로 구성된 플라즈마를 형성한다. 이것을 electron avalanche growth 눈덩이 몇 개로 시작되어 눈사태를 일으키는 뜻의 avalanche process라고 한다.

기존의 피코레이저 자체 순수 출력만으로는 LITB를 일으키기 어렵기 때문에, 레이저를 한 번 더 모아서 강한 에너지로 바꾸어주어야 한다.

플라즈마를 만들기에 충분한 에너지를 만들기 위해 프렉셔널 옵틱을 이용해서 플루언스를 10−20배 정도 올리게 된다. 그래서 만든 것이 프렉셔널 빔이다. 프렉셔널 빔을 이용해서 레이저를 포커싱하게 되면 에너지가 5~10배 정도 올라가게 되서 출력밀도도 10배가 올라가게 되는 것이다.

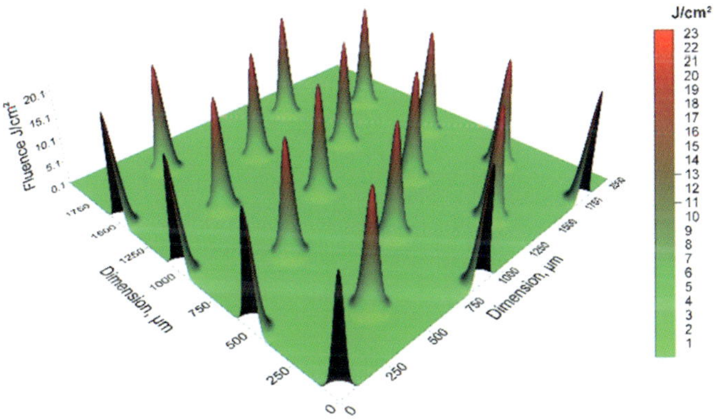

그림 5 피부 표면 치료면에서의 영향 분포

(출처: Lasers Surg Med 2016;48:646−52)

이 과정에서 fractional optic lens가 사용되는데, 크게 MLA (microlens array)와 DOE (diffractive beam splitters)로 나뉜다.

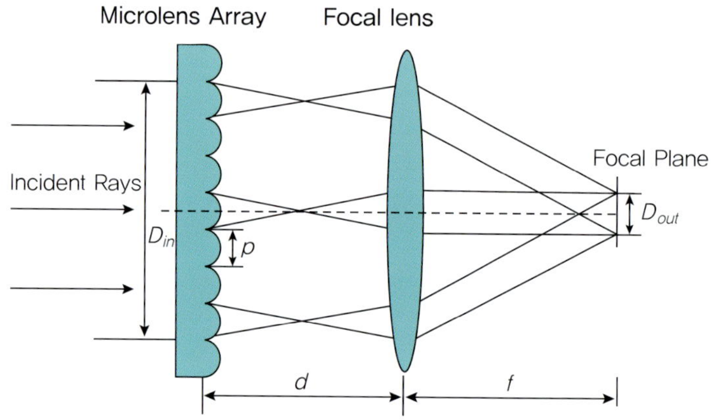

그림 6

(출처: Opt Laser Technol 2015;75:214–220)

MLA는 작은 볼록렌즈를 줄 세워놓은 다소 단순한 구조이다. 때문에 제조 비용이 저렴하다. 단순히 렌즈를 정렬해 놓은 방식이기 때문에 일부는 에너지가 강하고, 일부는 약한 다소 에너지 균질성이 떨어지는 가우시안 패턴의 특징을 보인다. 하지만 렌즈를 통과하는 과정에서 버려지는 에너지가 없기 때문에 에너지 효율성이 높아 피크 에너지가 높아 LIOB 형성에는 더 유리한 측면이 있다.

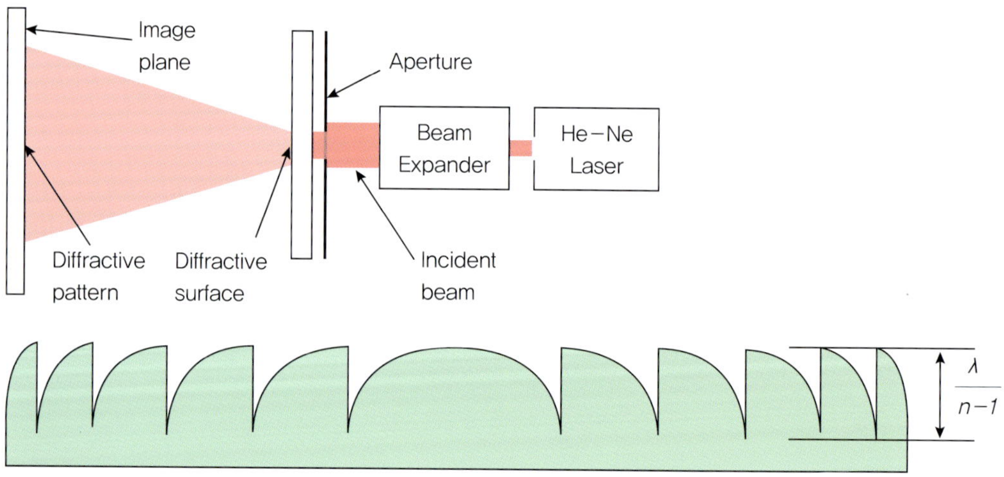

그림 7

(출처: Appl Opt 1995;34:2462–8)

DOE는 빛의 회절 현상을 활용한 렌즈의 기하학적 설계로 원하는 각도에 원하는 에너지가 균일하게 모이도록 설계한 렌즈이다. 결과적으로 에너지 분포는 균질하지만, 제조 비용도 높고 회절 과정에서 버려지는 에너지양이 많아 피크 에너지가 MLA에 비해 낮은, 에너지 효율성이 다소 떨어지는 특성을 보인다. 최근에는 많이 개선되었다고 하나 상대적으로 여전히 깊은 흉터의 치료보다는 모공, 피부결의 치료에 더 많이 쓰이고 있다.

이것이 LIOB의 물리적 이야기였다.

간단히 기존의 피코레이저에 프렉셔널 핸드피스를 달았더니 빔이 포커싱되서 출력밀도가 10배 이상 강하게 돼서 플라즈마를 형성한다 따라서 LIOB가 발생한다고 이해하셔도 된다.

그림 8은 optical breakdown에 따른 물리적 현상을 보여준다.

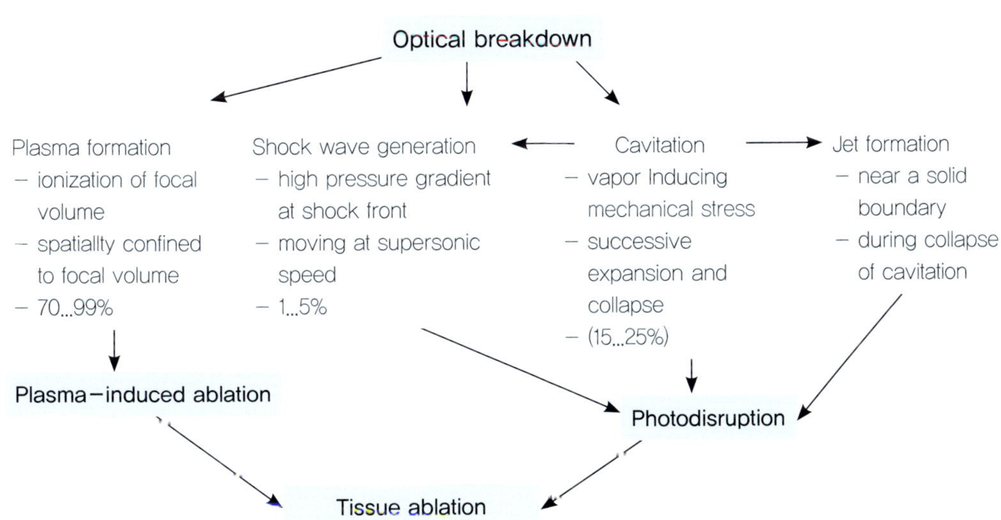

그림 8

플라즈마 형성 자체로 인한 조직의 plasma induced ablation이 발생하고 플라즈마 형성 자체로 인한 물리적 반응 shock wave, cavitation, jet formation을 유발하고 photodisruption을 만든다. 조직 내 표피나 진피에 빈공간이 발생하고 이것을 우리는 LIOB라고 말한다.

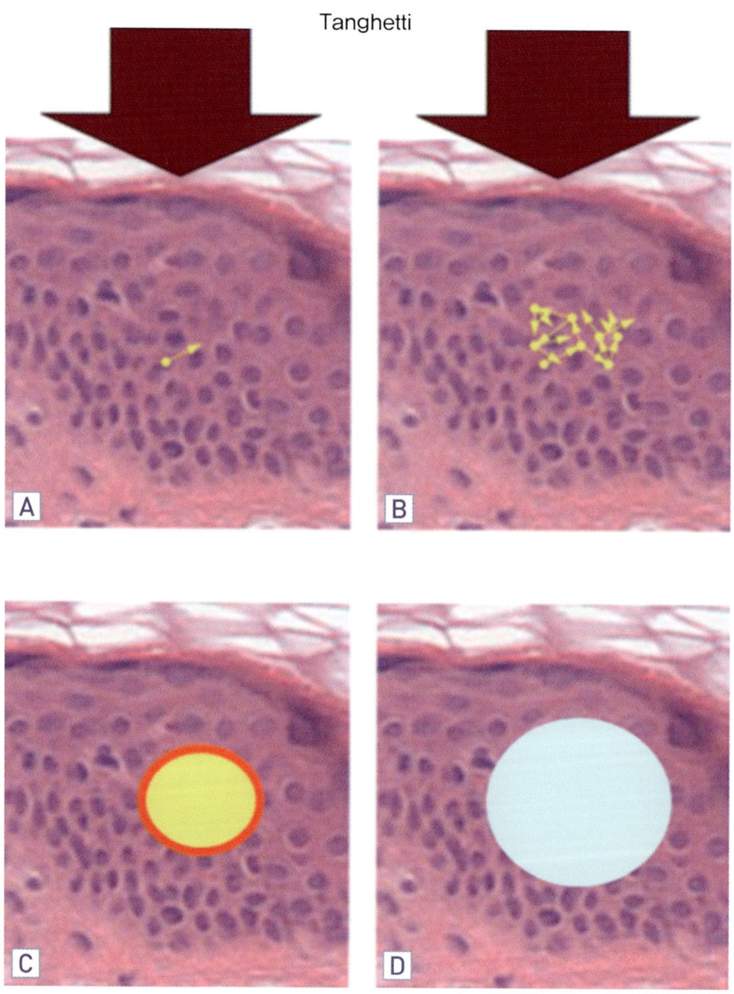

그림 9

(출처: Lasers Surg Med 2016:48:646 – 52)

LIOB가 발생하면 wound healing process가 진행되고 표피와 진피에 영향을 주어 skin rejuvenation과 remodeling이 발생한다. 피부톤과 결, 흉터, 모공 등의 치료에 도움을 준다.

High Peak power + Picosecond laser + Fractional HP
-> Cavitation of dermis and Plasma explosion
-> Optic breakdown
→ Wound healing process in dermis
→ Skin rejuvenation and remodeling

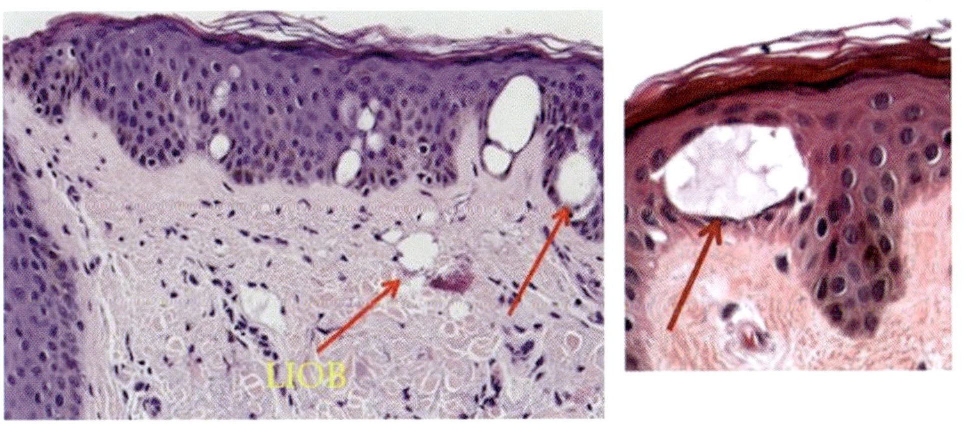

그림 10

(출처: Lasers Surg Med 2016;48:646-52)

4. LIOB를 이용해서 하는 모공 흉터 치료

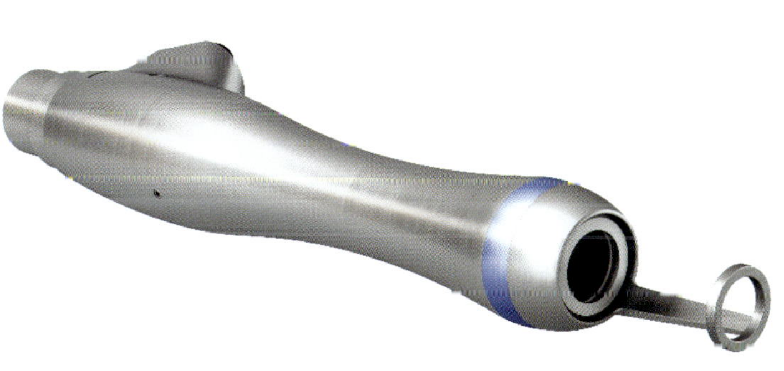

그림 11 1,064 nm 핸드피스 및 동영상

(출처: 칸델라사의 피코웨이 핸드피스 제공 자료)

Case 1. 모공 흉터 치료 과정 및 사진

피코웨이를 이용한 모공 흉터 치료

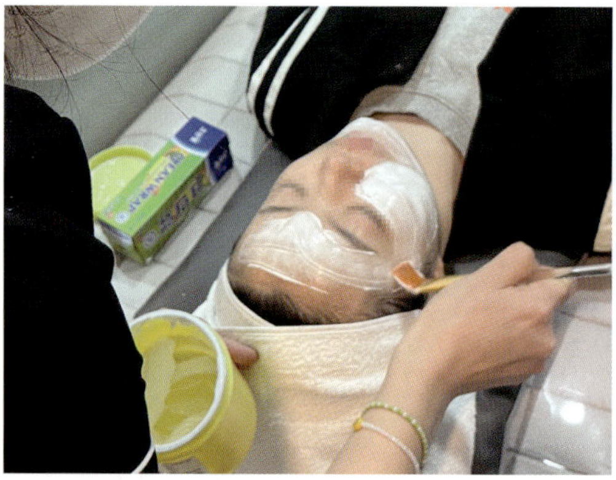

1. 세안 후, 시술 전 마취도포

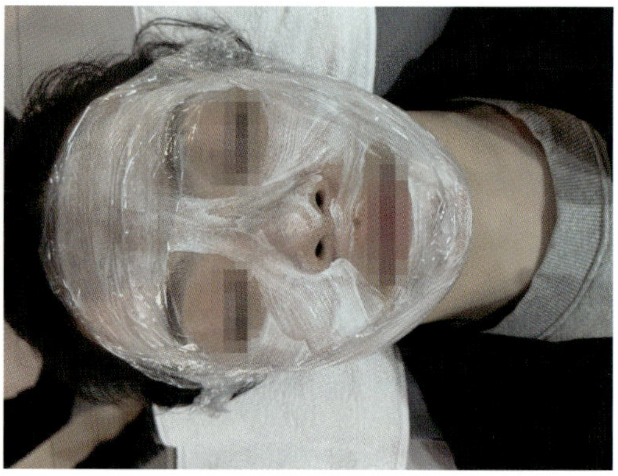

2. 마취 30분 도포 중

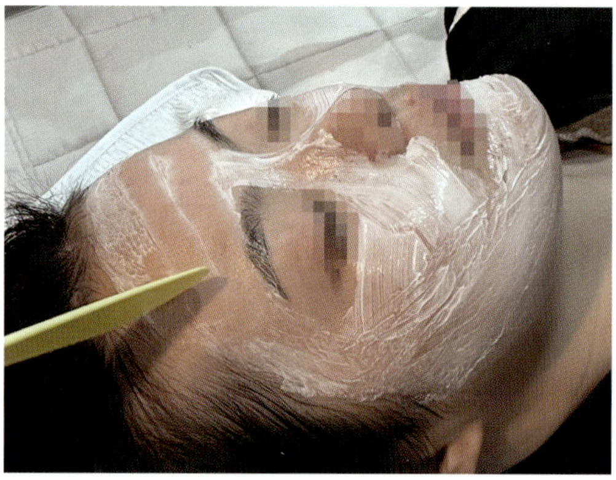

3. 30분 뒤 마취 크림 제거

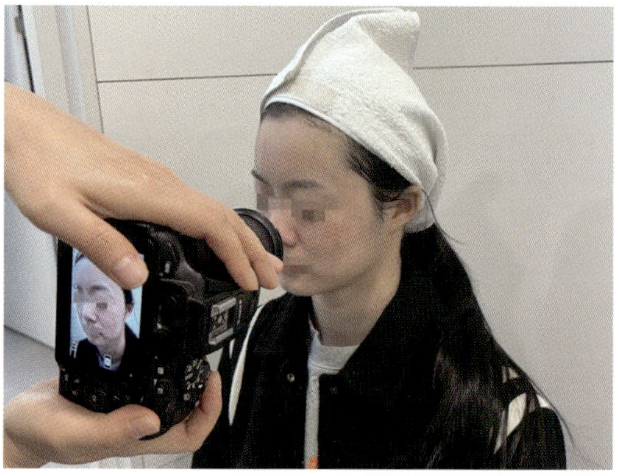

4. 시술 전 사진촬영

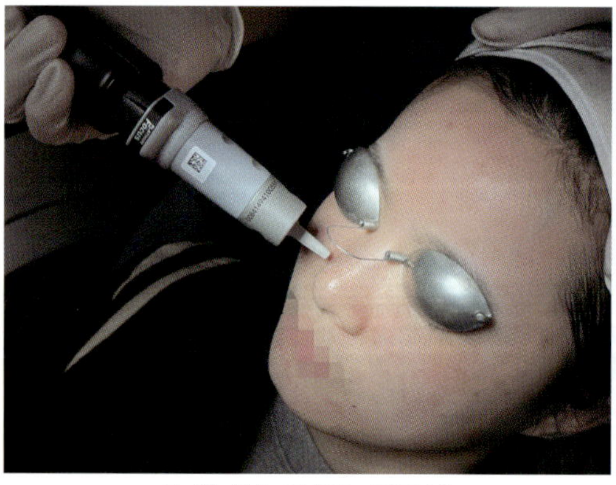

5. (1) 시술 중(PS-포커스)

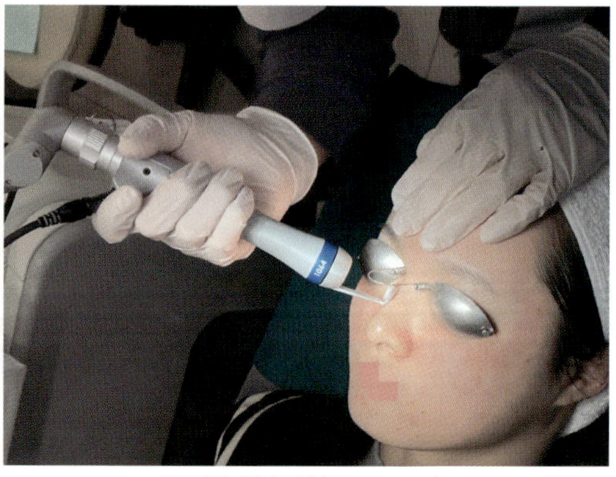

5. (2) 시술 중(PW-FRX)

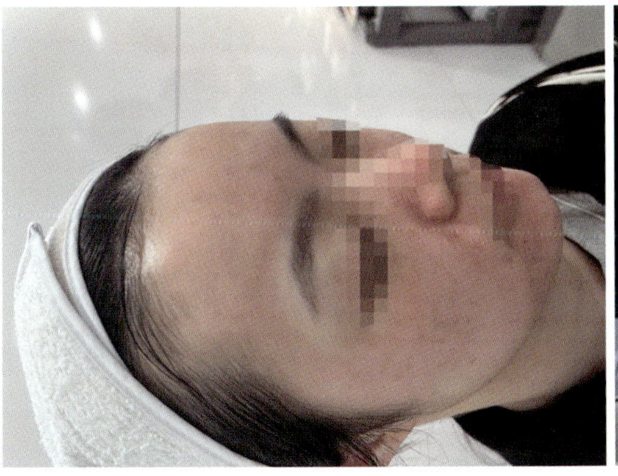

6. 시술 후 모습

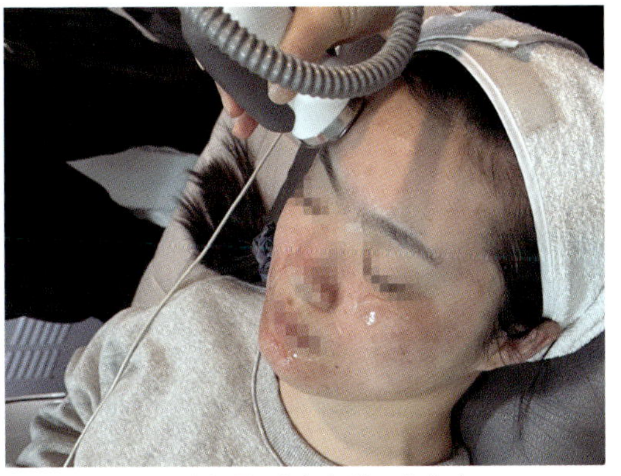

7. 시술 후 진정관리(크라이오)

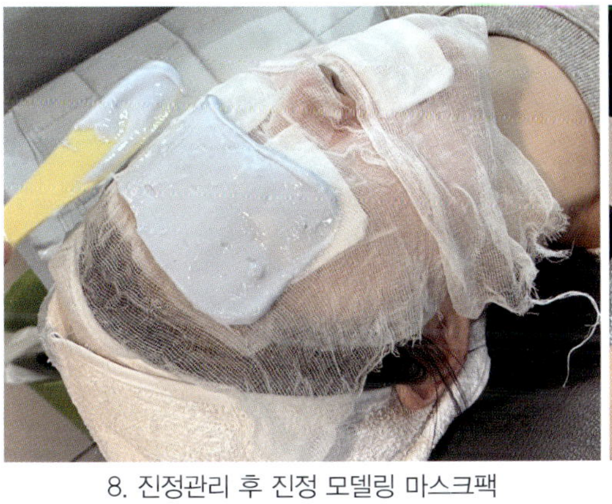

8. 진정관리 후 진정 모델링 마스크팩

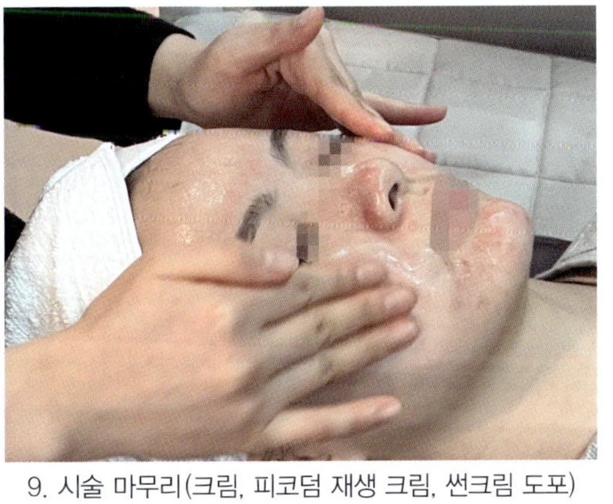

9. 시술 마무리(크림, 피코덤 재생 크림, 썬크림 도포)

8 문신제거 레이저를 시술하기 전 병원에서 준비하여야 할 것

1. Nd-YAG 레이저

Nd-YAG 레이저를 준비하는 것이 기본이라 생각하고 추가로 레이저를 구입할 경우, 755 nm 파장의 알렉산드라이트 레이저를 구입할 것을 추천한다.

최근에는 1,064 nm 파장의 Nd-YAG 레이저에 여러 개의 핸드피스가 추가로 개발되어 있어서 600-800 nm 파장대의 치료도 가능한 경우도 있다.

예를 들어 Picoway 레이저는 730 nm, 780 nm 파장의 핸드피스, Majesty 레이저는 595 nm, 660 nm 파장의 핸드피스, PicoPLUS 레이저는 595 nm, 660 nm 파장의 핸드피스가 추가되어 제공되고 있다.

2. 의료용 냉각장치 (Cooling Device)

레이저 조사 시, 열이 발생하면서 통증을 유발하는데 냉각 장치를 사용하면서 레이저를 조사하게 되면 통증도 감소하고 화상 예방에 도움이 된다. 또한 PIH 등도 줄어들게 된다. 이와 함께 시술 후 관리가 무척 중요하다.

본원에서는 짐머 쿨링장치를 사용하며 아이스 팩을 이용한 냉찜질을 병행하고 있다. 일상생활에서 화상을 입었을 때를 생각해 보면 된다. 집에서 화상을 입었을 때, 열을 식히기 위해 찬물에 담그는 것을 생각하면 된다. 의사가 이러한 장비와 용품을 준비하지 않으면 환자는 피부가 열이 발생된 상태로, 시술 후 처치 없이 집에 가게 되어 당연히 부작용은 커질 수밖에 없다.

3. 보안경

레이저가 피부와 만나면 4가지 현상이 발생하는데 반사와 굴절, 투과, 산란, 흡수가 그것이다.

10% 전후의 레이저 빔이 반사되기 때문에 레이저 시술자나 환자의 눈에 조사 가능성이 있어서 꼭 의료용 보안경을 준비해야 한다.

사람의 눈이 망막에 전달하는 파장의 범위는 400 nm에서 1,400 nm(가시적외선 및 근적외선) 사이이다.

그림 1 보안경

4. 멸균거즈 및 항생제 연고

레이저 시술 후, 냉찜질을 하고 항생제 연고를 도포한 후에 멸균거즈를 이용해 폐쇄 드레싱(closed dressing)을 해주면 병원에서 할 수 있는 기본적인 후 관리는 충분히 해준 것으로 생각한다. 시술 상태에 따라 항생제를 처방할 수도 있다

5. CO_2 fractional laser 및 smoke evacuator

컬러 문신을 지울 경우 다음날 커다란 물집이 생긴 채로 병원에 내원하는 환자가 있을 수 있다. 예방 차원에서 피코레이저 시술 후 CO_2 fractional 레이저를 추가로 해주면 작은 구멍이 뚫리면서 물집을 예방할 수 있고, fractional 레이저 이후 잉크 색소가 표피를 통해서도 어느 정도 빠져나오게 되어 색소가 조금 더 빨리 지워지는 효과가 있다. 하지만 피코레이저와 동시에 CO_2 fractional laser를 시술했으므로 환자 피부에 많은 열이 전달되어 화상이 생길 확률이 커지면서 재생 기간이 길어지고 피부 보호막이 파괴되면서 염증이 생길 확률도 커지게 되므로 주의하며 시술하여야 한다.

9 피코레이저를 이용한 다양한 치료

1. 기미

기미는 색소성 기미와 혈관성 기미로 분류하고는 한다. 멜라닌 세포가 여러 가지 기전으로 인해 색소를 과분비해서 주위 세포나 기질에 melanin을 분비하는 것으로 되어있고 혈관성 기미는 진피층이나 피하조직이 부실해지면서 혈관 주위의 조직이 약해질 때 melanocyte도 자극받아 기미가 올라오는 것으로 되어 있다.

색소성 기미는 이때 1,064 nm, 755 nm, 532 nm 파장의 레이저를 저fluence로 조사하면 색소는 서서히 파괴되고 및 진피층이 튼튼해지면서 피부색소가 흐려지며 피부 결은 한결 좋아지게 된다.

Picoway 기준 보통 7~10 mm를 사용하며 fluence는 full energy를 사용하고 피부가 하얀 경우에는 7~8 mm, 검은 경우(동남아시아 환자 등)는 10 mm를 사용한다.

1,064 nm는 빔이 깊이 들어가 깊은 색소나 진피층을 튼튼히 해주는 역할을 하며 색소 치료에 효과가 좋다. 532 nm 토닝은 PIH 발생 위험이 있어 잘하지 않았으나 최근 Resolve fusion 532 핸드피스가 생겨서 훨씬 안전하게 사용할 수 있으며, 얼굴색을 밝게 하는 것에 가장 좋은 효과를 보이는 것으로 생각된다.

2. 잡티 치료

755 nm의 alexandrite 레이저나 694 nm 파장의 루비레이저가 갈색색소에 가장 반응을 잘하여 잡티 치료에 가장 많이 사용되었으나 최근 730 nm 핸드피스가 나오면서 가장 색소에 잘 반응하는 것으로 알려져 있다(p.9 그림 3 참조).

Picoway의 730 nm 핸드피스는 1회 치료로 50% 이상 잡티가 치료될 정도로 효과가 아주 좋다.

본원에서는 spot size 4 mm로 0.9~1.0 J로 잡티를 시술하고 있다. 레이저 시술 후 PIH 등을 억제하기 위해 재생크림(예: 피코덤)을 약 1주일 정도 바르게 한다.

치료 시 end point를 몰라 레이저를 강하게 쏘는 경우가 많은데 에너지를 너무 강하게 조사하면 나중에 PIH가 발생하여 의사나 환자가 당황하는 경우가 적지 않게 발생한다.

적절한 end point는 색소에 레이저를 조사 후 몇 분 뒤에(3~5분) 갈색 색소 주위에 약간의 원형 edematous erythema가 생긴 정도가 가장 좋으며 시술 즉시 전체적으로 하얗게 whitening이 생기면 너무 에너지가 강하다고 생각하면 된다.

본원에서 Picosure Pro로 잡티를 치료할 경우 보통 4 mm 1.6 J 전후로 시술하며 피부색이 검은 경우 에너지를 낮추고 피부가 하얗거나 누럴 경우 좀 더 강하게 시술하기도 한다. 위 같이 1회 시술로 타깃을 강하게 레이저로 조사하여 색소를 파괴하기도 하지만, 본원에서는 기미 치료에 주로 토닝 레이저 치료를 2주 간격으로 반복해서 시술하는데, 토닝 시술 후에는 잡티도 많이 지워질 뿐 아니라 피부결까지 함께 좋아지게 된다.

Case 2. 기미 치료 과정 및 사진

기미 치료 영상

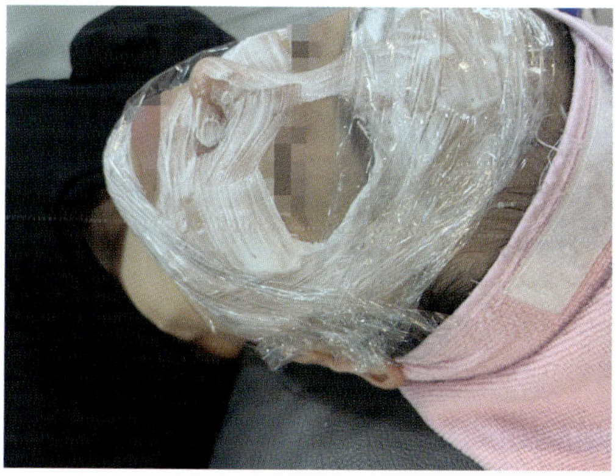

1. 시술 전 마취크림 30분 도포

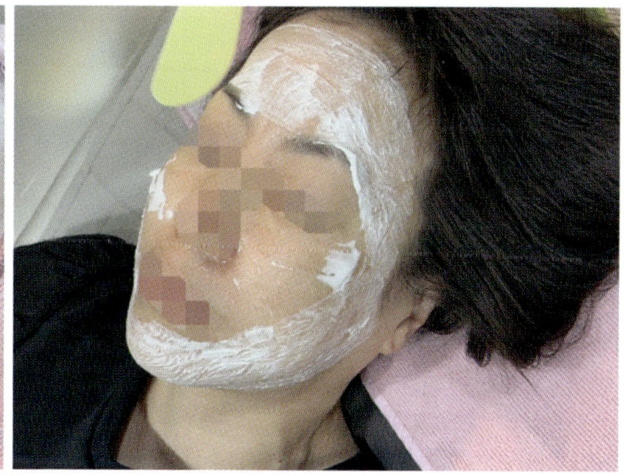

2. 시술 전 마취크림 제거

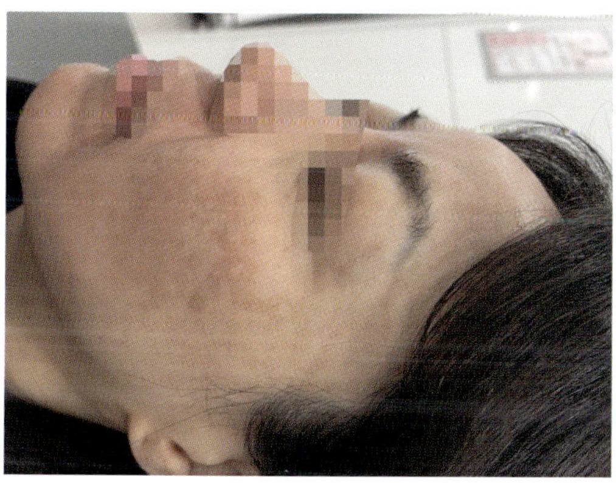

3. 시술 전 사진 촬영

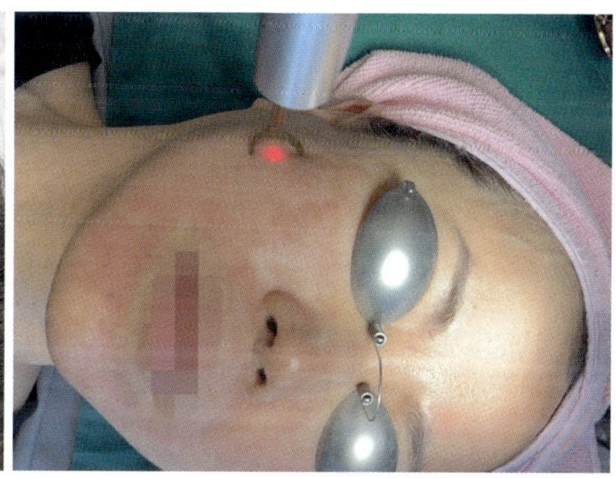

4. 시술 중

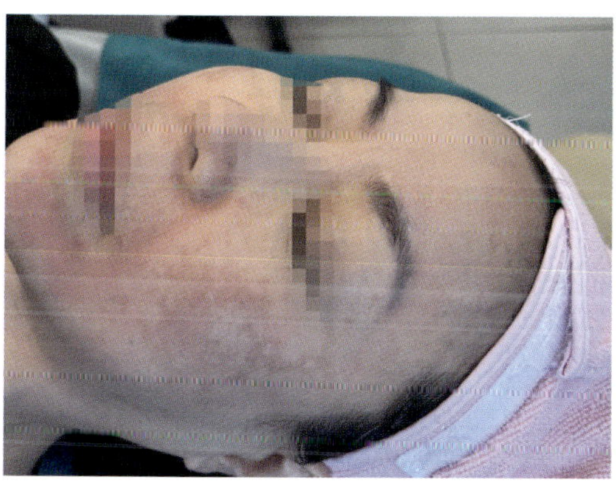

5. 시술 직후

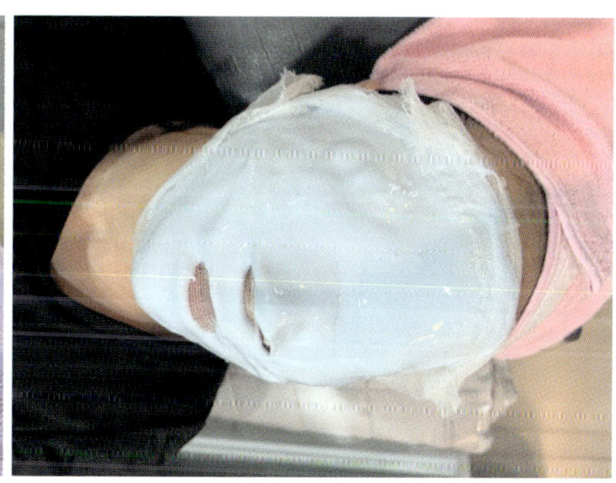

6. 시술 후 진정 관리(고무마스크팩)

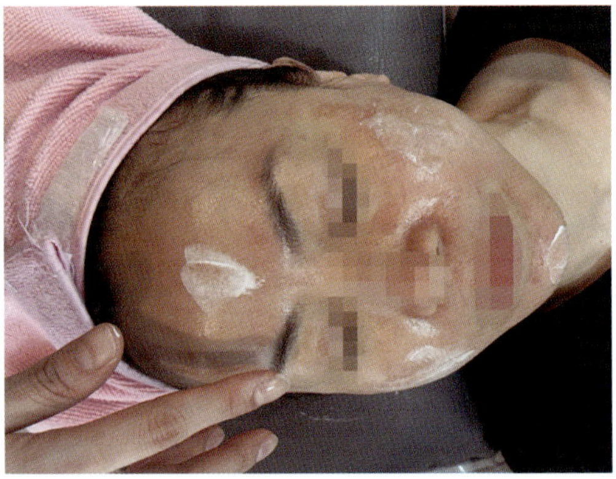

7. 마무리 관리

Case 3. 잡티 · 주근깨 치료 과정 및 사진

잡티 주근깨 영상　　잡티 치료 영상

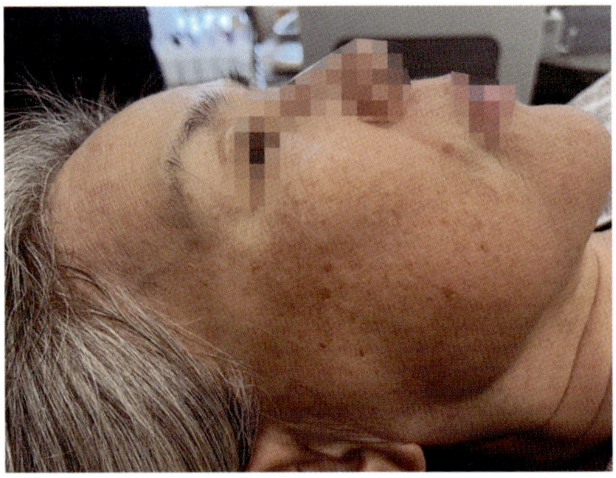

1. 시술 전(크림 마취 후)

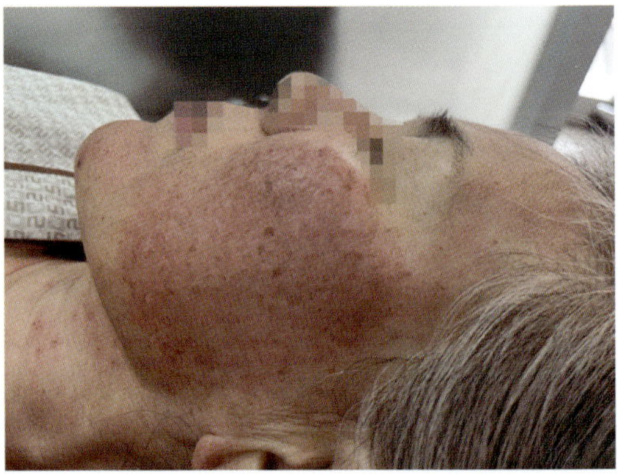

2. 시술 중

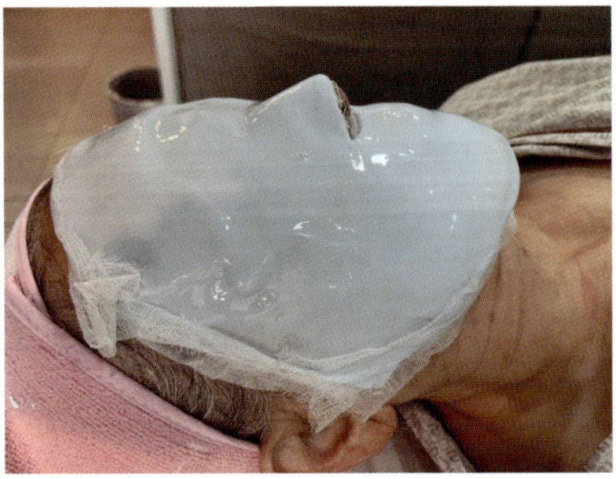

3. 시술 후 진정 관리(고무 마스크팩)

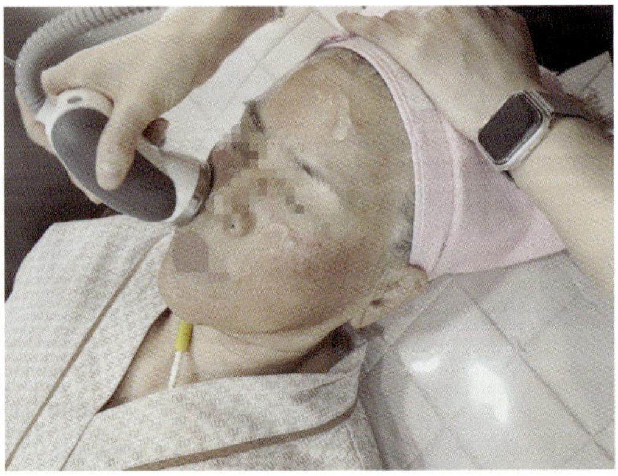

4. 마무리 진정 관리

3. 흉터 모공 치료

피부에 흉터가 생기거나 모공이 넓어졌을 경우 기존에 가장 많이 하던 치료법은 erbium laser나 화학 약품을 이용한 박피술이었다.

2005년 전후 fractional laser (fraxel)가 등장하면서 일상생활에 지장을 덜 주는 치료법들이 등장하였고 그 이후 CO_2 fractional laser까지 등장하면서 흉터나 모공 치료에 많이 사용되었다.

이런 치료법은 초기 박피술보다 효과는 조금 떨어질 수 있으나 회복 시간이 짧아져서 최근 의사들이 많이 사용하고 있다.

2021년 Picoway에서 처음 선보인 Resolve 핸드피스는 stratum corneum과 epidermis를 save하면서 진피층의 원하는 타깃을 치료하므로 흉터나 모공치료의 한 전환점이 되었다고 할 수 있다. 하지만 아직 발전 단계에 있고, 리졸브 해드피스를 이용해 모공을 치료하면 2~3일 정도 얼굴에 홍조가 남지만 예전에 비해서 회복이 아주 빨라 흉터나 모공치료를 더욱 부담 없이 할 수 있게 되었나.

Resolve 핸드피스를 이용한 치료방법은 얼굴에 마취 크림 30분 뒤, 보통 2.5 J/cm^2 전후로 1~2 pass 한다.

모공이 큰 코나 T-zone 부위는 좀 더 강한 파워로 시술하는데 붉은 자국이 생겨도 보통 2~3일이면 정상으로 돌아온다.

Case 4. 모공 흉터 프락셀 치료

피코프락셀 영상

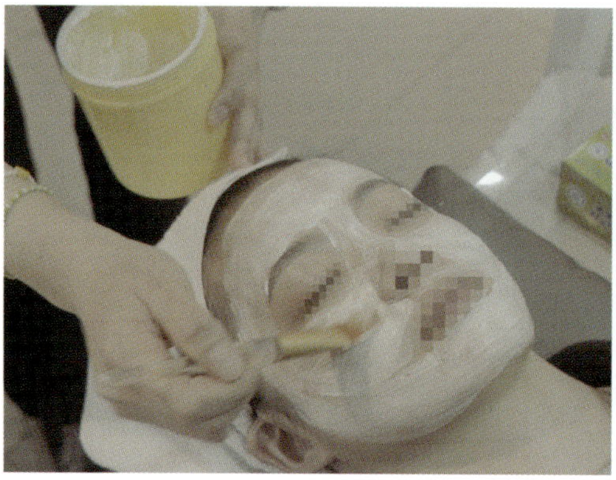

1. 시술 전(마취크림)

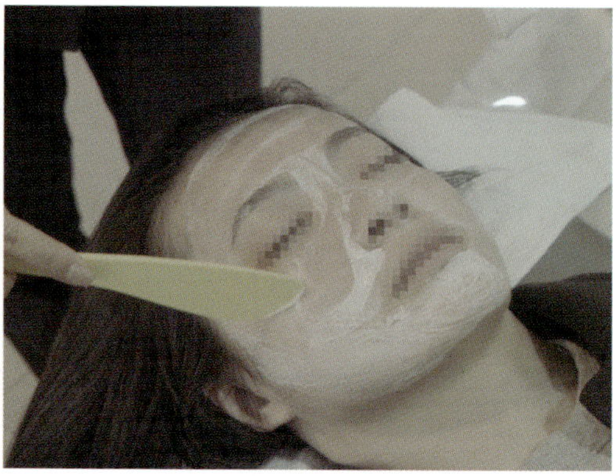

2. 시술 전(마취 크림 제거)

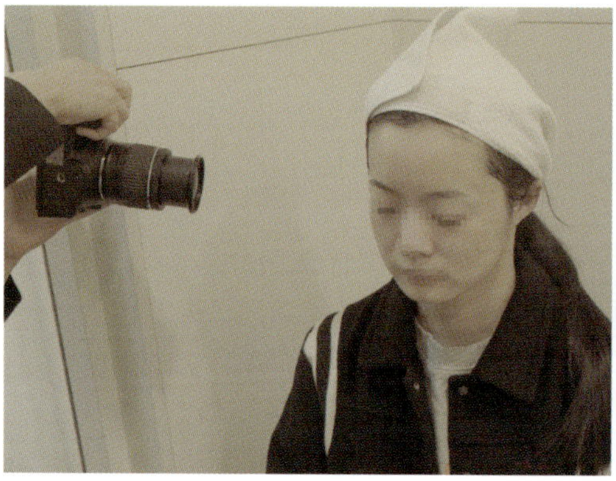

3. 시술 전 사진 촬영

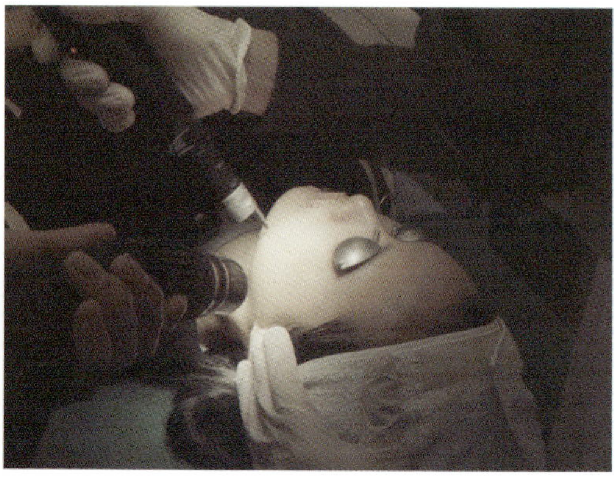

4. 시술 중

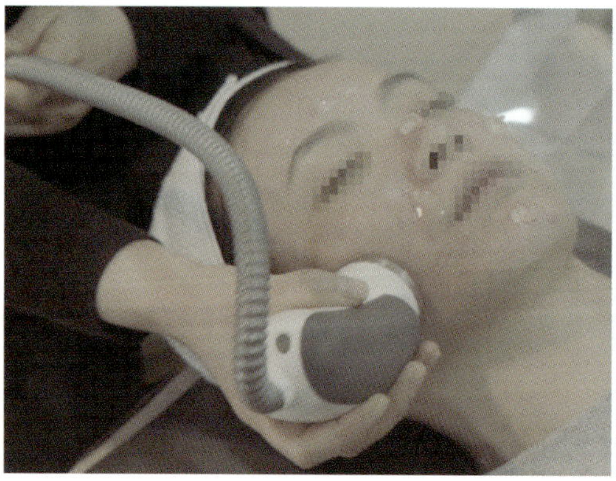

5. 시술 후 진정 관리

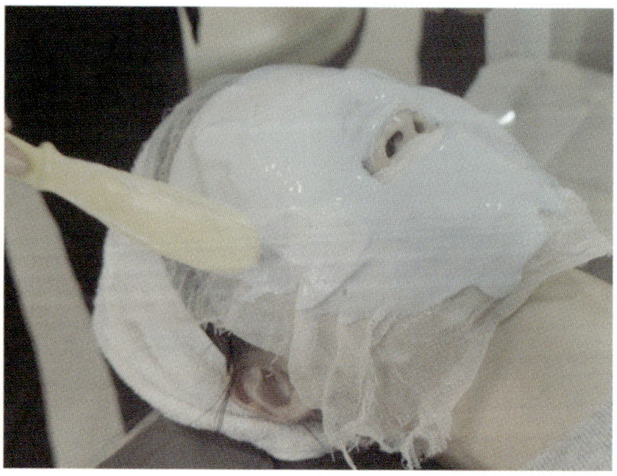

6. 진정 관리(고무 마스크팩)

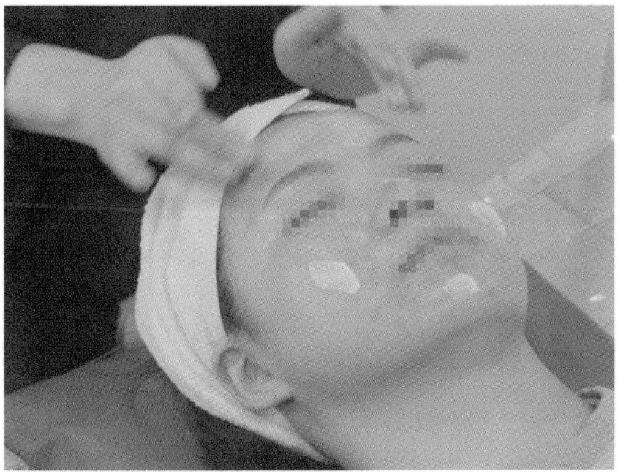

7. 마무리 관리

4. 오타모반 치료

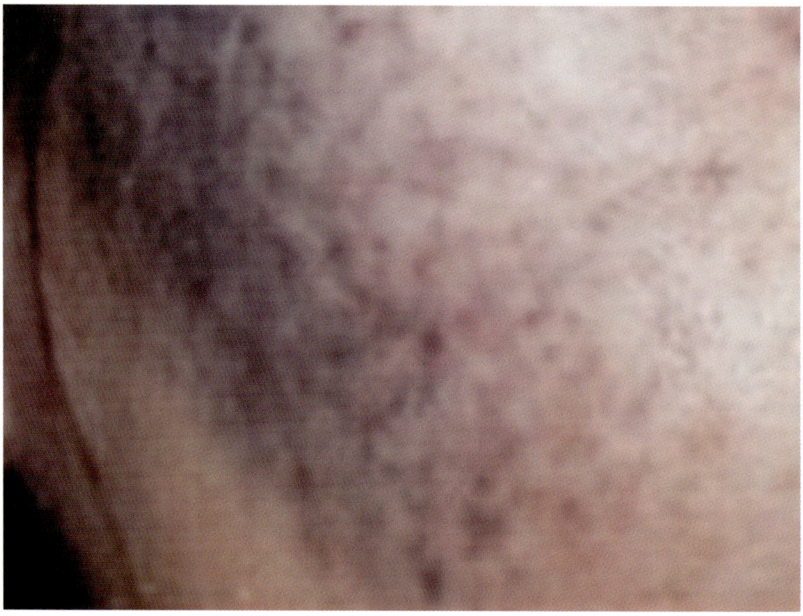

그림 1 오타모반

오타모반이란 안면부 삼차 신경 분지를 따라 생기며 볼, 광대, 코끝, 이마, 안구 등에 주로 생긴다.

보통 10대 이전에 50% 정도 발생하며 20대 이전에 대부분 생기나 20대 이후에 발생하기도 한다.

오타모반은 나이가 들면서 진해지는 경향이 있으며 어릴 때 치료하는 것이 성인이 되어서 치료하는 것보다 효과가 훨씬 크며 부작용도 현저히 적은 것으로 밝혀졌다.

오타모반 환자는 외모 때문에 심적 스트레스를 받는 경우가 많아서 잘 치료해 주면 정서적으로도 호전되어 아이가 더욱 건강하게 자랄 수 있게 된다.

오타모반 치료는 80% 정도 호전되는데 성인의 경우 6회 정도가 필요하고 아이의 경우 4회 정도 필요한 것으로 되어 있으며 치료 후 재발률이 1% 전후라 치료 효과는 아주 좋은 것으로 되어 있다.

오타모반은 색의 진하기도 중요하지만 색소의 깊이가 치료에 더 영향을 미치는 것으로 되어 있다.

본원에서는 Picoway 레이저를 이용해서 치료하며 보통 2달(8주) 간격으로 반복 치료하고 있다. 본원 치료 프로토콜은 1회차에 마취 크림 1시간 후에 5 mm, 2 J로 1~2회 pass 한다.

레이저 시술 후 알룸 솔루션을 적셔서 진정시킨 뒤 항생제 연고를 처방하고 재생 크림(예: 피코덤)도 같이 사용하기를 권한다. 보통 3회차까지는 파워를 조금 올리며 시술하지만, 4회부터는 spot size를 4 mm로 변경하고 2.8 J 정도로 시술하며 최종 6회차에는 3.2 J까지 올린다.

의사 선생님들이 적정한 파워를 종종 물어보곤 하는데, 본인은 선생님들의 손의 느낌에 대해서 많이 설명해 준다. 레이저 조사 시 "틱틱" 소리가 아니라 "빽빽" 소리가 나야 하며 손에는 어느 정도 레이저가 색소에 전해지는 느낌을 받게 된다.

색소 치료와 마찬가지로 epidermis에 whitening이 너무 심하게 오면 파워를 약하게 조절하길 권유드리며 색소가 깊은 곳에 있어서 심하게 whitening이 오는 경우는 많지 않다.

레이저에 따라 각기 장단점이 있어서 중간에 755 nm 파장의 Picosure 레이저를 3~4 mm를 이용해서 한두 번 병행 치료를 해주기도 한다. 물론 같은 날 동시에 사용하는 것은 아니다.

오타모반 치료 중에 처음 3~4회까지는 색소가 진해져 보여 환자가 불평하는 경우도 있는데 환자에게 피부 깊은 곳의 색소가 파괴되면서 색소가 위로 올라와 초반엔 진해 보일 수 있다고 미리 설명하면 환자분들은 대부분 이해한다.

예전에는 Q-switched laser로 치료했는데 2015년부터 Pico laser를 이용하면서부터 환자분들이 일상생활에서의 불편이 매우 적어지고 효과도 좋아서 만족도는 점점 증가하고 있다.

Case 5. 오타양 모반 및 오타모반 치료

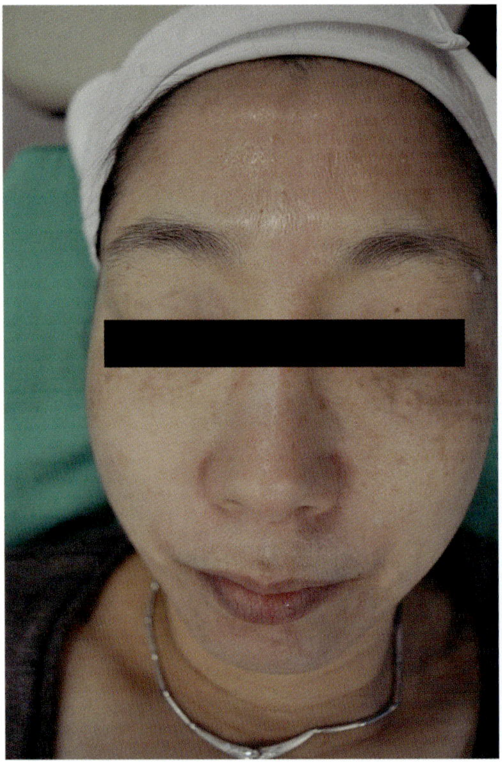
시술 전

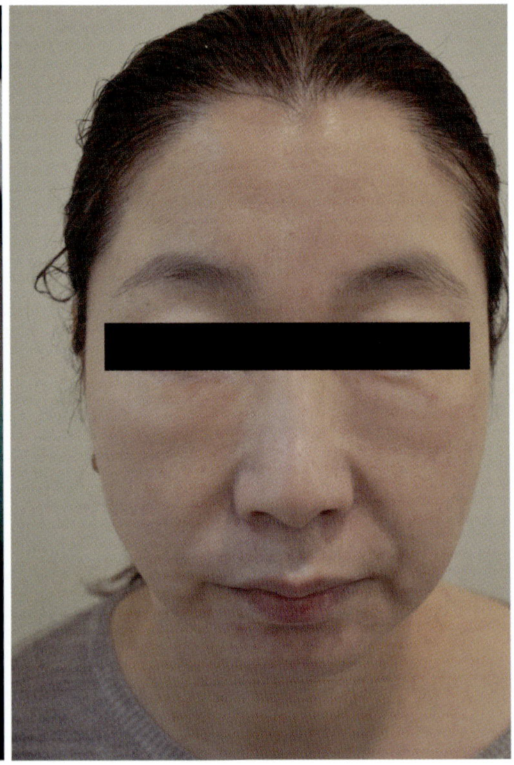
시술 후

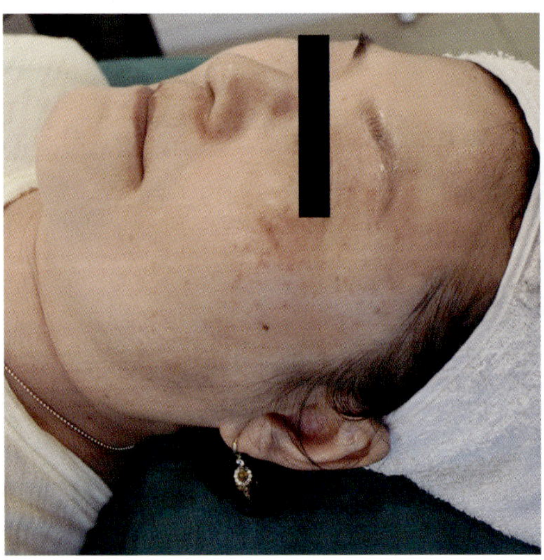
시술 전

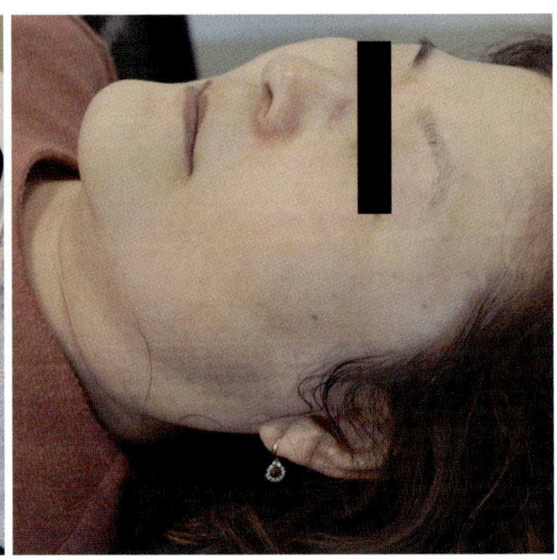
시술 후

10 문신제거 시술(문신 치료)

1. 검은색 단색문신

⊙ Case

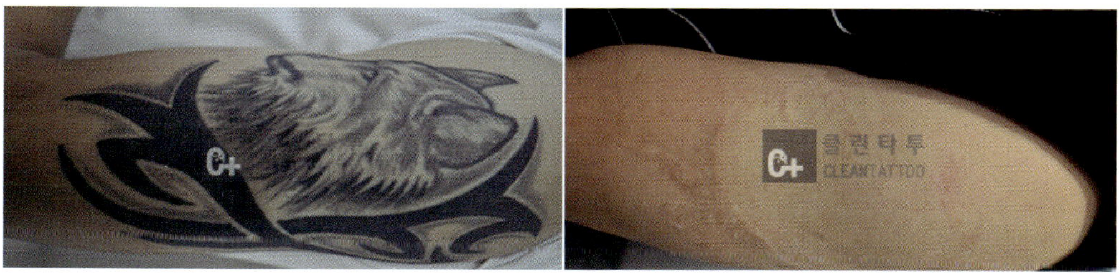

Before After

그림 1 검은색 단색문신제거 전후

2002년 문신제거를 시작하여 어느덧 20년 동안 문신제거 시술을 하게 되었다. 수많은 시행착오를 거치면서 여러 가지 일이 많았지만 20만 케이스 이상의 문신제거 시술을 하며 얻게 된 노하우를 독자들에게 알려 드리고자 한다.

환자뿐만 아니라 의사선생님들도 문신제거의 원리를 잘 모르는 경우가 많다.

레이저를 이용해 피부 속 잉크를 폭파시켜 작은 가루로 만들어 주면 우리 몸에 면역세포 중 하나인 대식세포가 잉크 가루를 잡아먹은 뒤 몸 밖으로 배출하여 문신이 흐려지거나 제거된다. 이런 원리로 사실 의사는 흉이 지지 않도록 조심스럽게 레이저를 이용하여 문신 색소를 파괴하는 역할을 할 뿐 나머지는 몸이 알아서 색소를 제거하는 것이다.

의사선생님들이 문신이 잘 안 지워진다는 이유로 레이저 시술을 더 강하게 하는데 이럴 경우 색소가 빨리 지워지는 것이 아니라 피부에 화상이나 흉터만 남기는 경우가 많다.

이러한 이유로 경험 많은 의사로부터 문신제거 시술을 배운 뒤에 병원에서 환자를 치료하시는 것이 바르다고 생각한다.

외래에서 흔히 작은 그림이나 레터링 문신을 지우러 오는 환자를 만나게 된다.

선생님들이 각자 가지고 있는 레이저가 달라 특정 레이저를 가지고 spot size나 시술 power를 언급하는 것은 적당하지 않으나 일단 본원에서 가지고 있는 레이저 위주로 설명하고 첨언을 통해 여러 선생님들이 가지고 있는 레이저에도 적용하는 데 도움이 되도록 설명해 보겠다.

보통 흑색 문신은 본원에서 Picoway 레이저 1,064 nm 파장을 이용해 제거하고 spot size 4 mm에 에너지는 1.0 J/cm^{2}로 처음 시작한다. 레이저 시술 시 뜨거운 열이 발생하므로 간호사는 옆에서 냉각장치(cooling device)를 이용해서 피부를 차갑게 해준다. 많은 병원에서 냉각장치를 간과하는데, 제 생각에는 문신 치료에 가장 중요한 device라고 생각한다.

문신제거 시술은 보통 6~8주 간격으로 시술하고 올 때마다 0.2~0.4 J씩 조금씩 파워를 올려 시술하며, 5~7회 이상부터는 Picoway 레이저 기준 3.2 J/cm^{2}까지 파워를 올려서 시술한다.

검은색 잉크라도 컬러 잉크를 섞어서 잉크를 만든 경우가 많아서 755 nm 레이저를 5회에 한 번씩 섞어서 시술해 주면 문신이 더 깨끗하게 지워진다.

문신제거 레이저 시술 직후에는 얼음 팩을 이용하여 피부를 10분 정도 cooling시켜준 뒤 항생제 크림과 재생크림(예: 피코덤)을 도포한 뒤 거즈를 이용해 폐쇄드레싱(closed dressing)을 시켜준다.

시술 부위가 크거나 환자분이 피부가 잘 재생되지 않을 때는 먹는 항생제도 처방해준다.

아토피 환자 같이 피부가 건조한 환자는 특히 보습이 중요하다 설명하고 시술 후 10일 뒤부터는 꼭 보습제를 사용하라고 설명한다.

음주한 날 새벽에는 목이 말라 자다가 깨는 경우가 많은데 이는 간에서 알코올 해독을 위해 물의 사용량이 많기 때문이다. 마찬가지로 음주하게 되면 피부가 건조해져서 문신제거 후에 피부가 비대해질 수 있음을 설명하면 환자가 잘 따르기도 한다. 문신의 크기가 클 경우 의사 선생님이 시술을 빨리 하기 위해 레이저의 조사 속도를 올려 시술하는 경우가 많은데, 경험이 없으신 원장님이 속도를 올리면 균일하지 않게 레이저가 조사되어 화상도 많이 생기고 환자분의 통증도 증가하게 된다.

본원에서는 새로 원장님께서 오시면 잡지책을 이용해 균일하게 일정한 속도로 색소를 지우는 연습을 많이 하도록 한다.

1. 문신은 몇 번 만에 지워지나(문신제거 횟수 예측)

문신이 몇 번 만에 지워질 수 있는지는 환자나 의사선생님들이 가장 많이 물어보시는 질문 중 하나다.

문신제거 속도는 여러 가지가 관여하는데, 평균적으로 10회 전후에 지워진다고 설명하면 되고 더 늦게 지워지는 경우와 더 일찍 지워지는 경우를 환자분께 설명해 주면 된다.

2. 문신이 더 늦게 지워지는 경우

1) 잉크가 진할 때

의사가 레이저를 이용해 잉크를 분쇄하면 작은 먼지 같이 변한 pigment를 우리 몸에서 대식세포(macrophage)가 잡아먹는 것으로 알려져 있다. 잉크의 양이 많거나 진하면 상대적으로 양이 적거나 흐린 문신보다 제거 시간이 오래 걸린다.

2) 부위에 따라 늦게 지워지는 곳이 있다

앞서 말한 것처럼 문신제거에서 중요한 역할을 하는 대식세포는 몸통과 목에 가장 많이 분포되어 있다. 몸통이나 목 부분은 잘 지워지는 편에 속하고, 팔다리는 상대적으로 늦게 지워지며, 손가락 · 발가락 같은 말초 부분은 가장 늦게 지워지는 편에 속한다.

3) 피부색에 따라 더 늦게 지워질 수 있다

피부가 검은 경우에는 조금만 강하게 시술해도 화상을 입을 수 있으며 melanocyte가 과하게 반응하여 PIH나 hypopigmentation이 잘 생기게 된다. 그래서 상대적으로 피부가 검은 경우에는 비교적 약하게 시술하여야 하고, 반대로 피부가 하얀 경우보다 더 늦게 지워지는 경우가 대부분이다.

4) 컬러 잉크가 섞여 있는 경우

문신제거 시술 시 잉크에 레이저를 조사하는 이유는 잉크를 작은 가루로 분쇄시키기 위함인데, 여러 가지 잉크가 섞여 있는 경우에는 다른 색의 잉크가 레이저 조사 후 떡처럼 서로 엉겨 붙은 경우를 자주 볼 수 있다.

또 잉크 색에 따라 각각 다른 파장의 레이저를 시술하는데 한 부위에 여러 가지 레이저를 쏘게 되면 열 손상 등으로 물집 등이 더 심하게 생길 수 있어 시술을 나누어서 하기도 한다. 이러한 이유로 잉크가 여러 색이 섞여 있는 경우에는 비교적 더 늦게 지워지게 된다.

5) 문신 부위 피부 두께에 따라

문신 시술이나 문신제거 시술 중 피부가 두꺼워지는 경우가 있다. 염증이 생긴 뒤 흉터같이 피부가 비후되거나 켈로이드 체질인 경우가 대표적이다. 또한 아토피 피부염같이 피부가 건조한 상태로 반복적으로 레이저를 조사하게 되면 피부가 비후되는 경우를 흔히 볼 수 있다. 이럴 경우 레이저 빔의 침투 깊이가 현서히 낮아져 문신제기가 늦어지게 된다.

위에서 언급한 경우 외에도 문신에 잘 반응하지 않는 특이한 잉크도 있고, 빛을 반사해 레이저에 잘 반응하지 않는 경우도 종종 만나게 된다.

그렇기에 문신제거 시술을 하기 전에 환자에게 이러한 여러 가지 경우를 충분히 설명하여 환자를 충분히 이해시킨 후 시술하는 것이 바람직하다.

Case 6. 흑백 문신제거 과정

사례 1

문신제거 시술 과정

흐린 문신 제거 영상 1

흐린 문신제거 영상 2

흐린 문신제거 영상 3

흐린 컬러 문신제거 영상

진한 문신 제거 영상

진한 대형 문신제거 영상

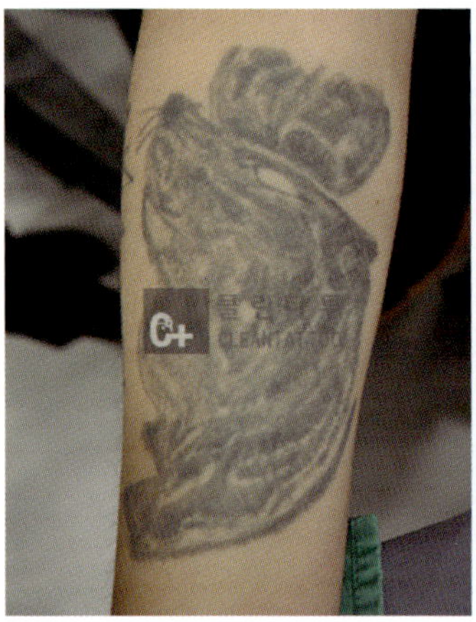

시술 전

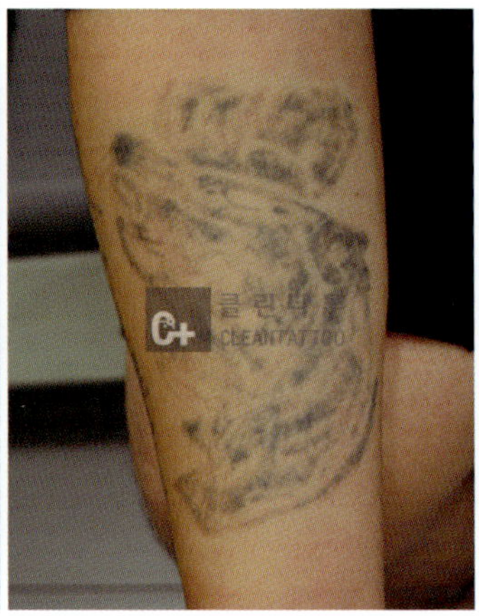

1차 시술 후

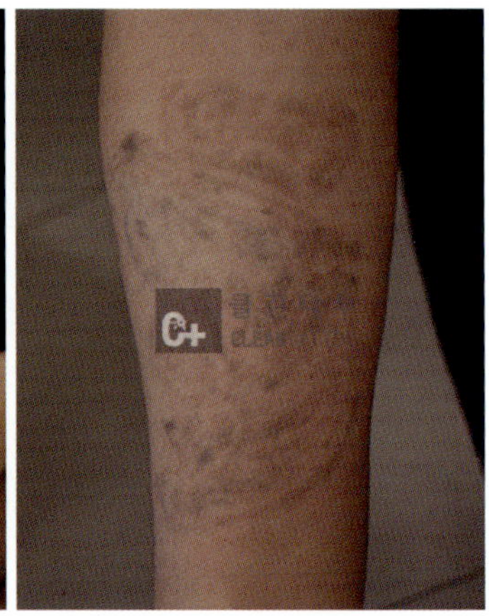

2차 시술 후

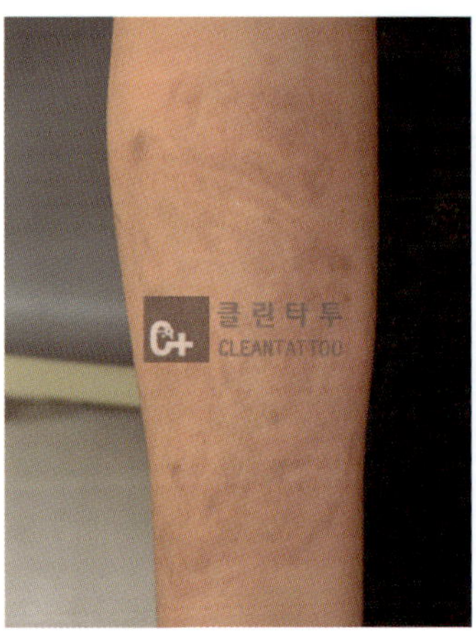

3차 시술 후

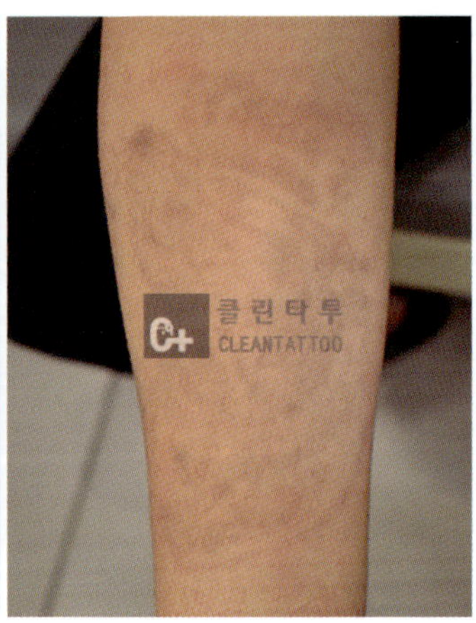

4차 시술 후

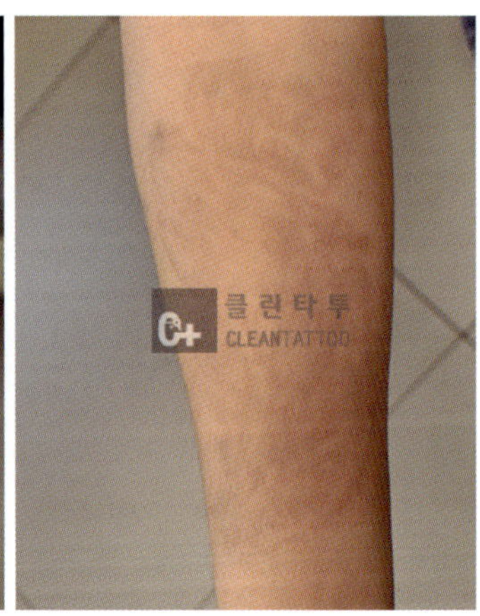

5차 시술 후

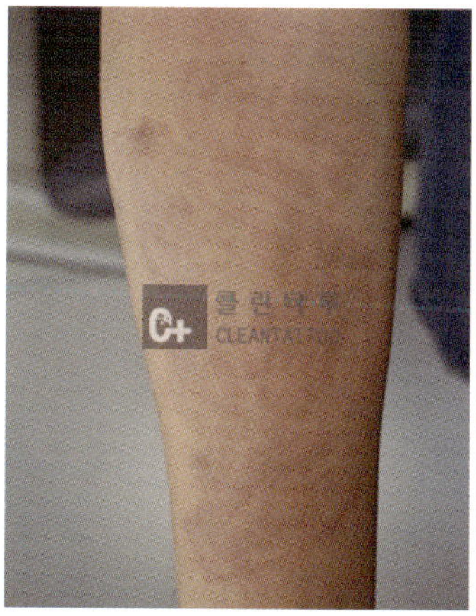

6차 시술 후

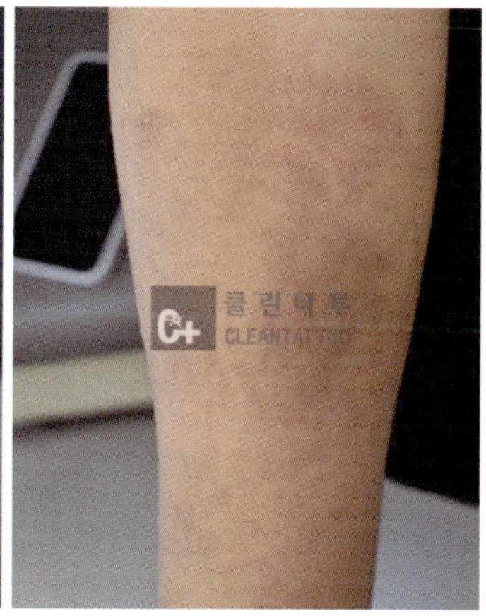

7차 시술 후

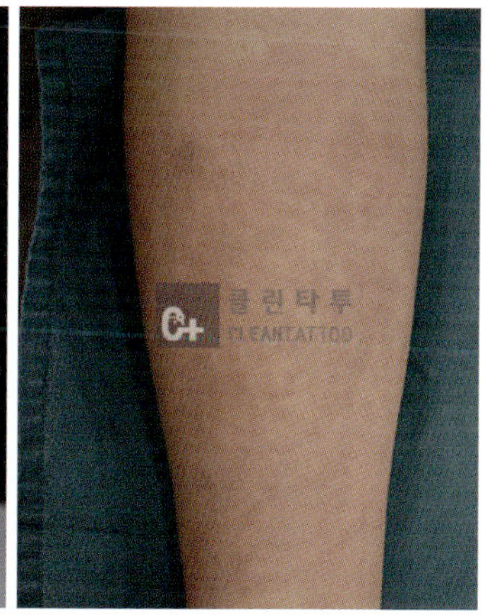

8차 시술 후

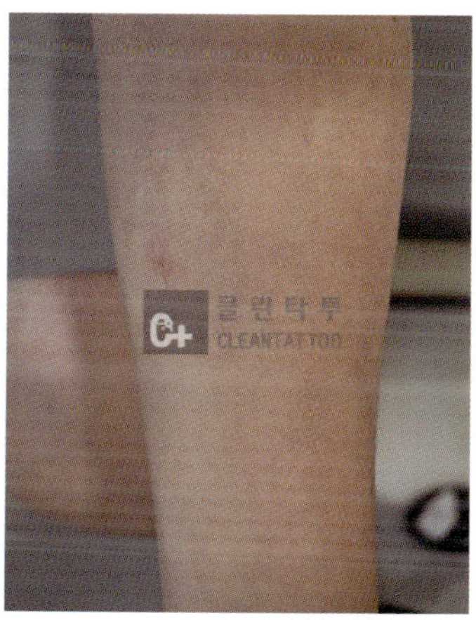

9차 시술 후

사례 2

시술 전

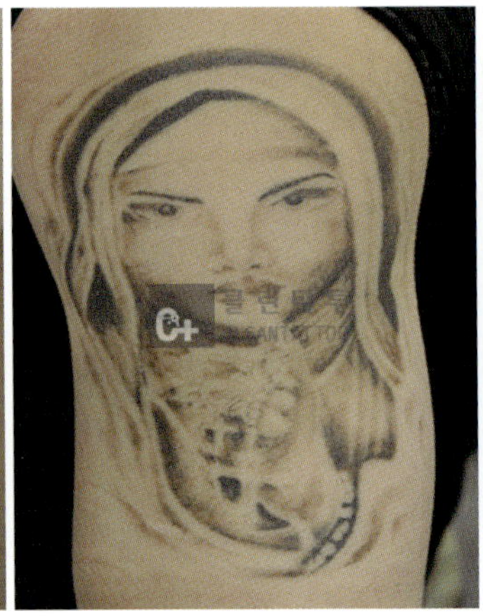

1차 시술 후

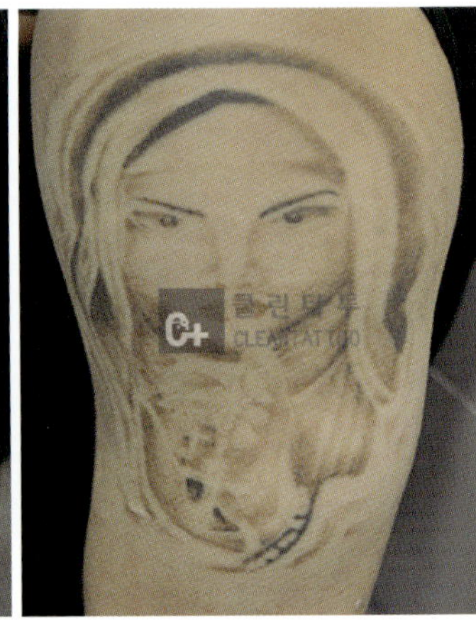

2차 시술 후

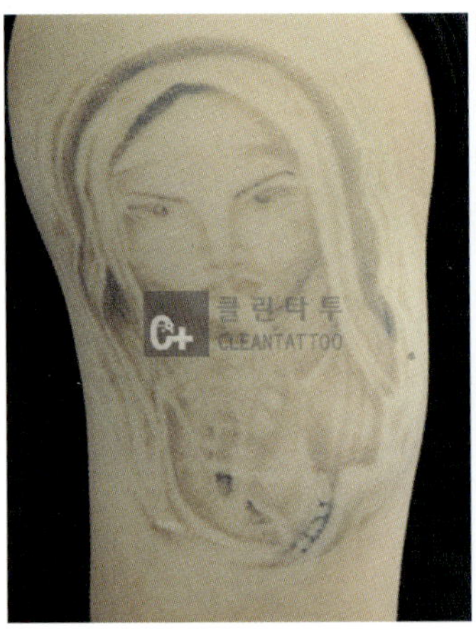

3차 시술 후

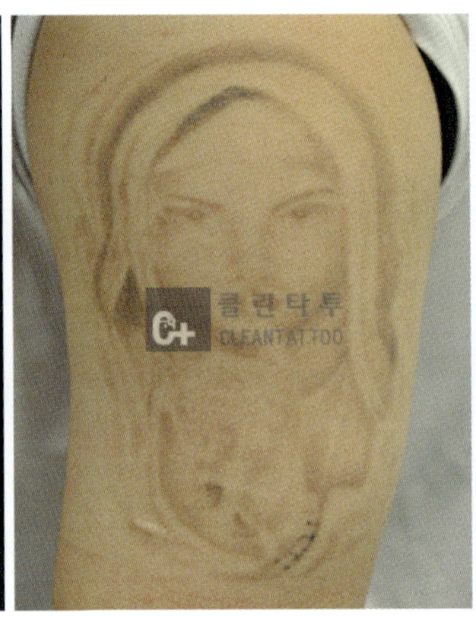

4차 시술 후

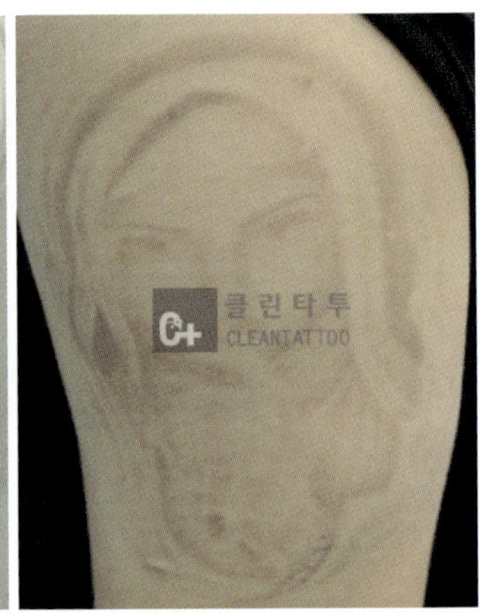

5차 시술 후

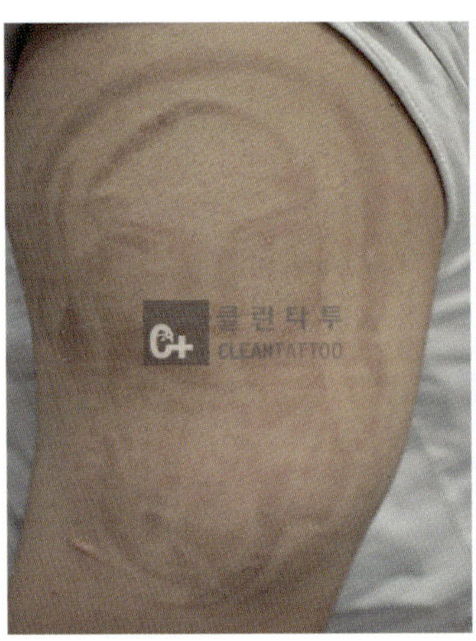

6차 시술 후

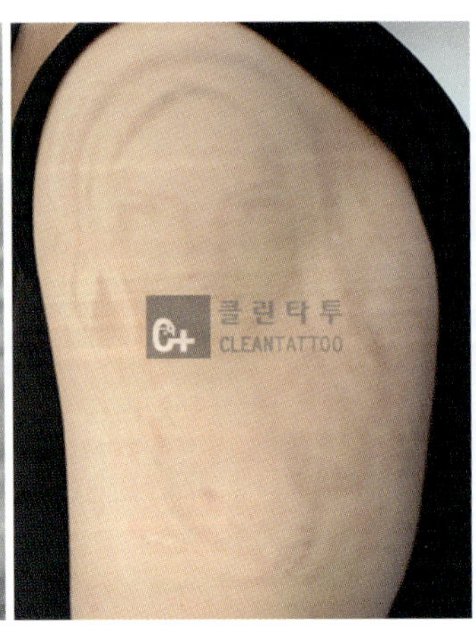

7차 시술 후

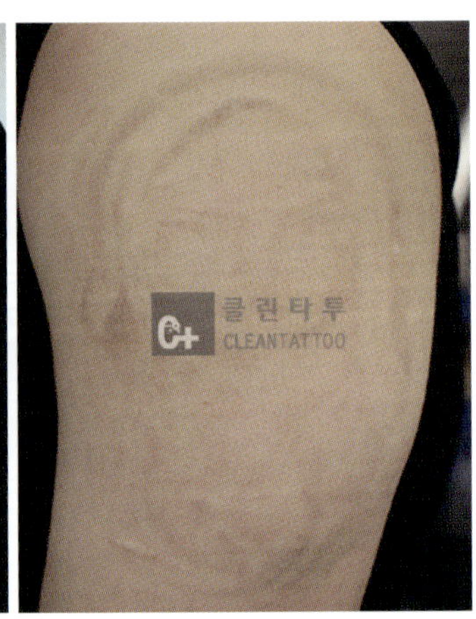

8차 시술 후

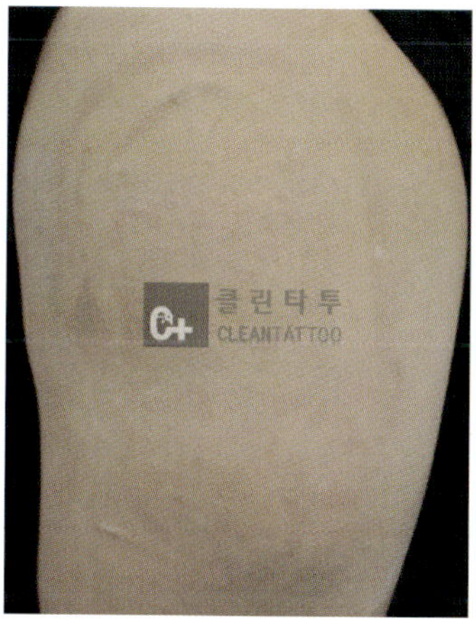

9차 시술 후

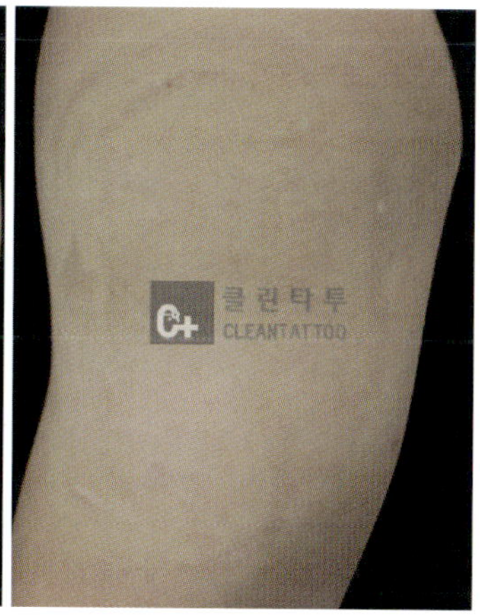

10차 시술 후

사례 3

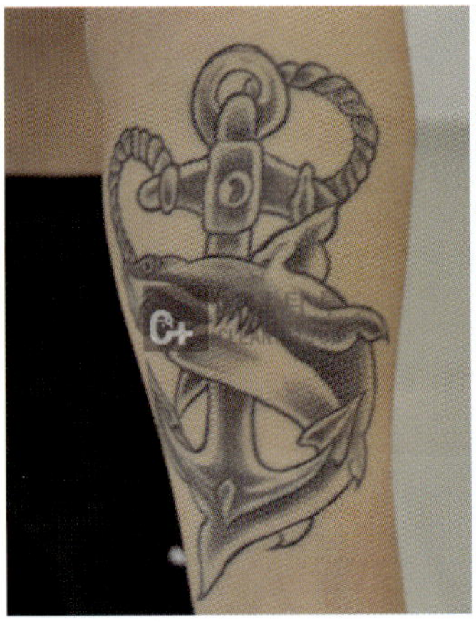
시술 전

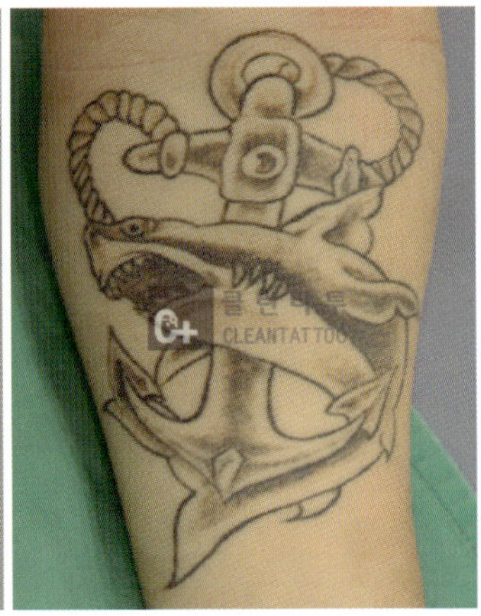
1차 시술 후

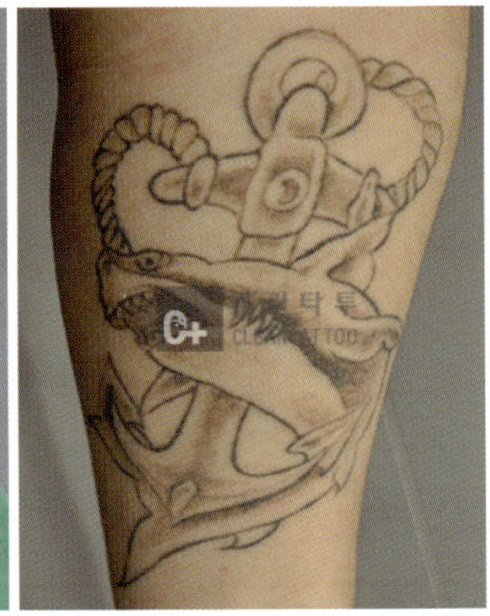
2차 시술 후

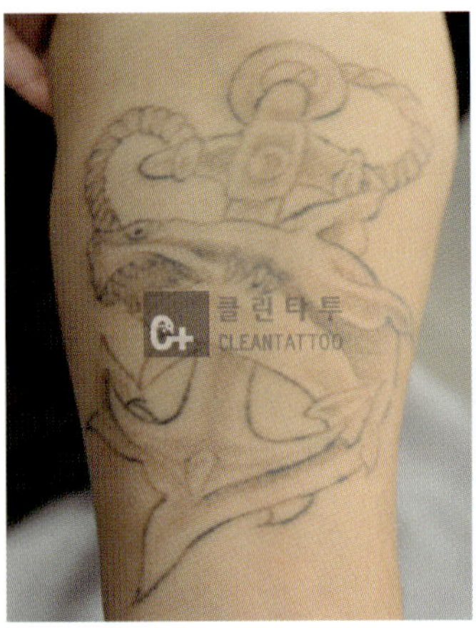
3차 시술 후

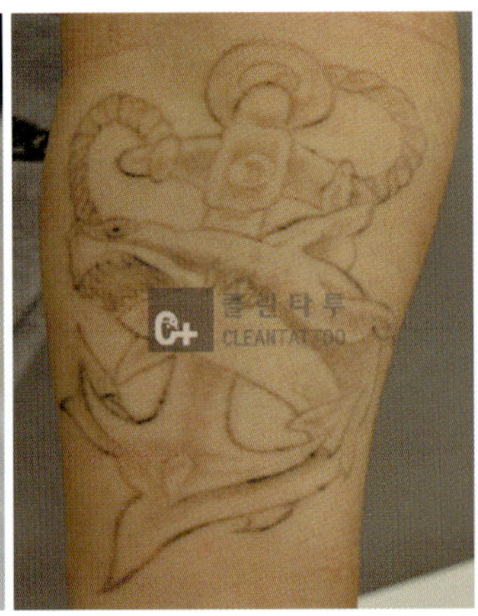
4차 시술 후

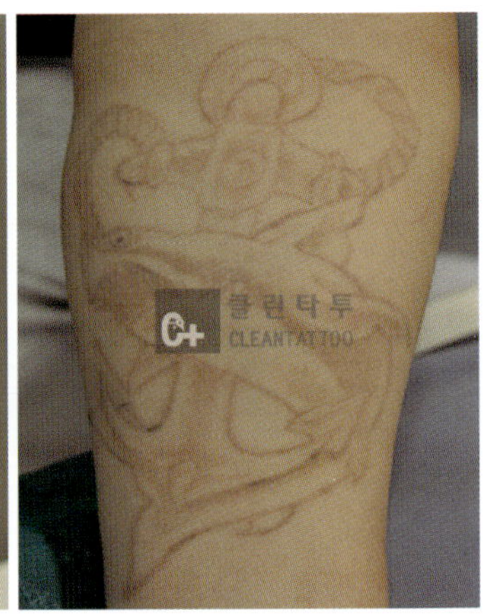
5차 시술 후

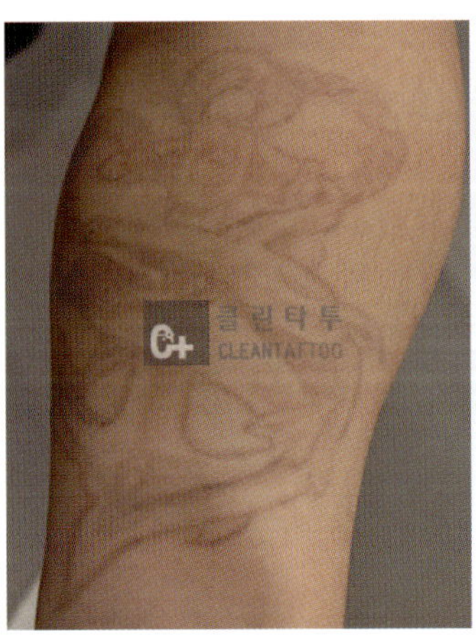
6차 시술 후

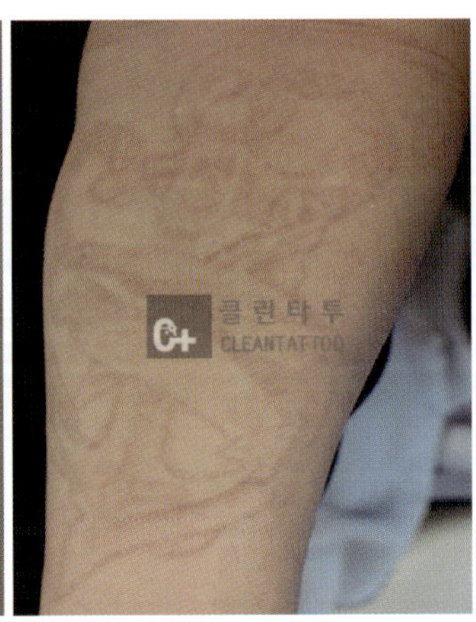
7차 시술 후

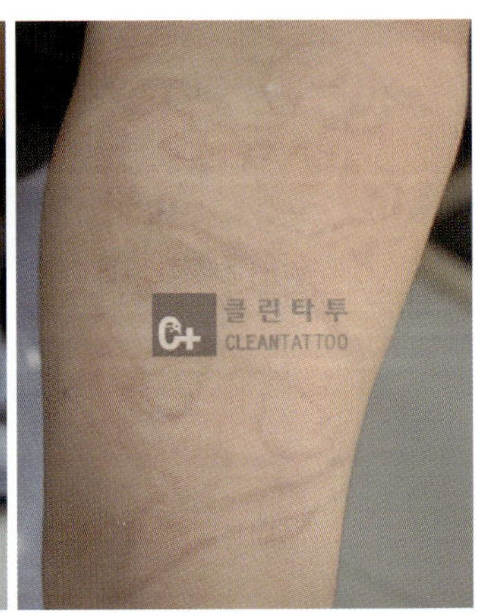
8차 시술 후

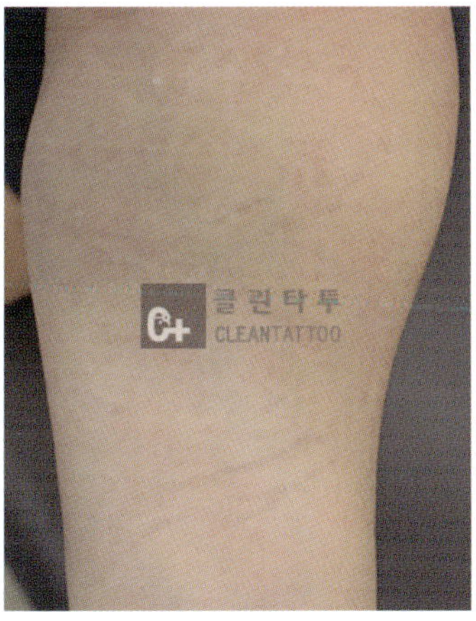

9차 시술 후

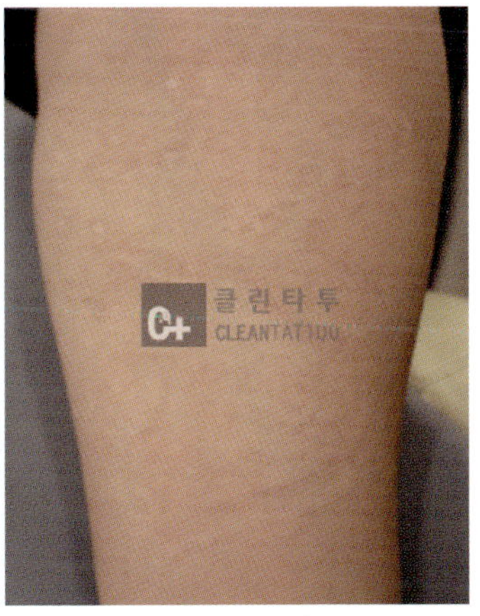

10차 시술 후

사례 4

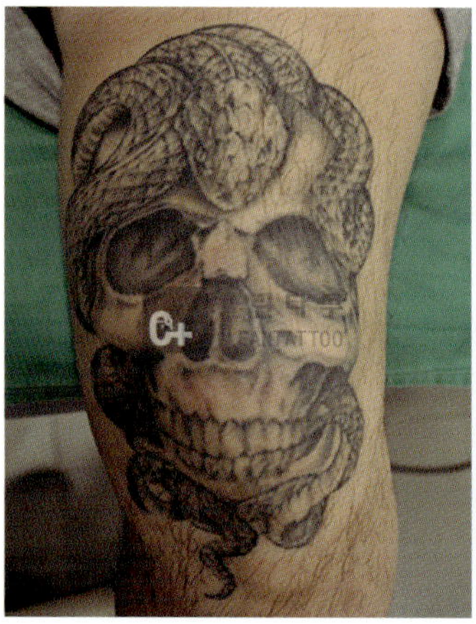

시술 전

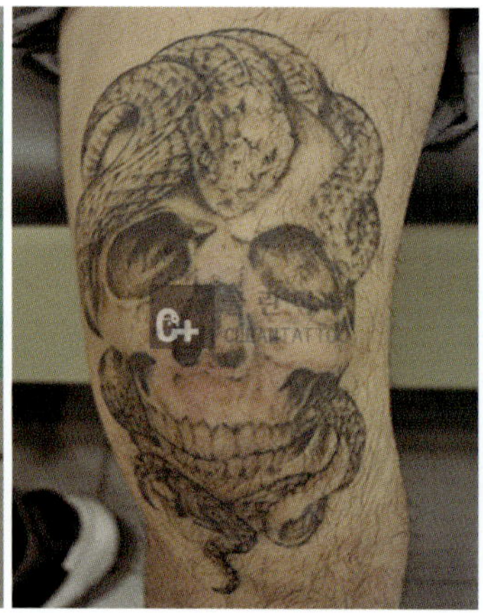

1차 시술 후

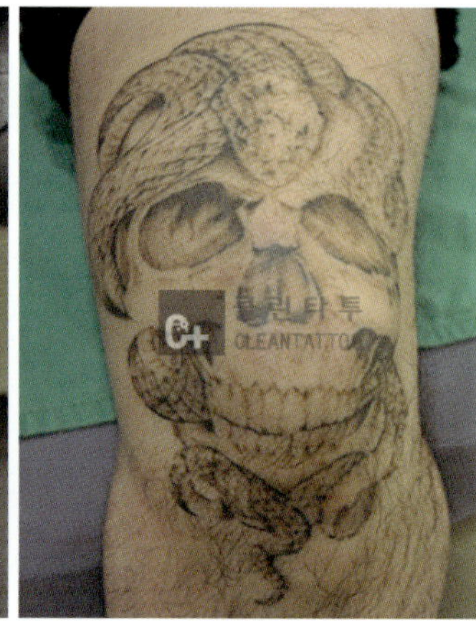

2차 시술 후

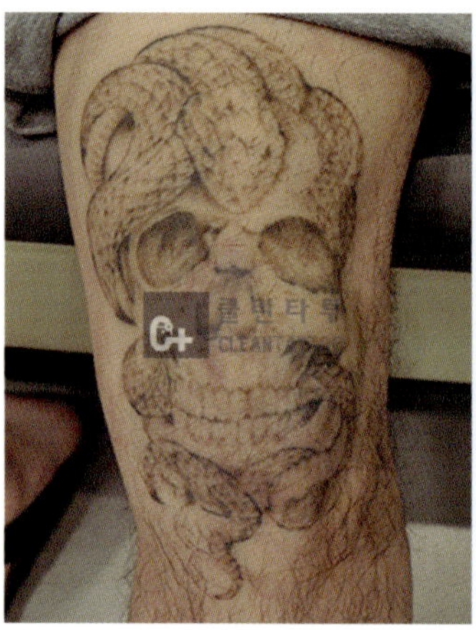

3차 시술 후

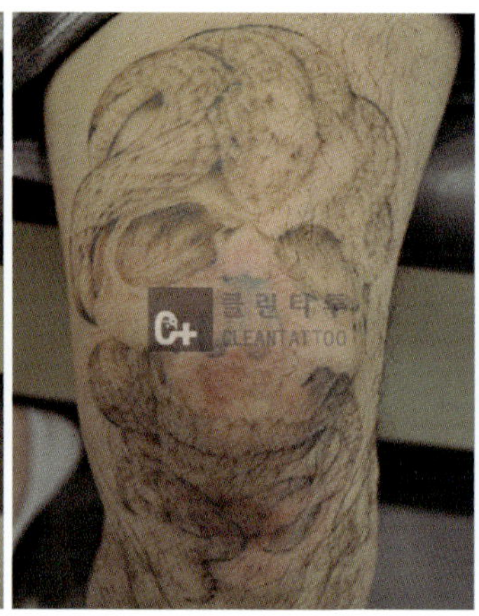

4차 시술 후

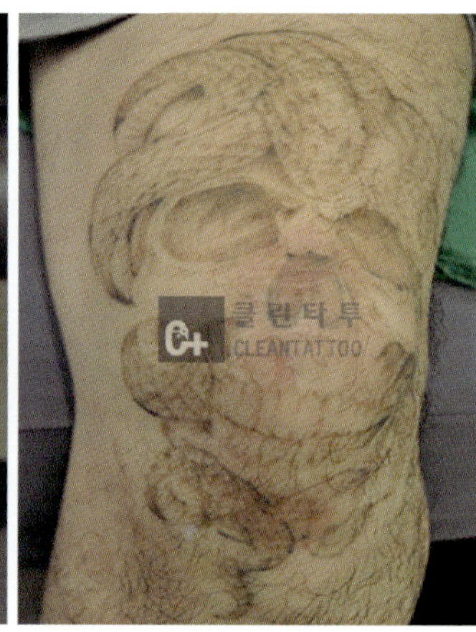

5차 시술 후

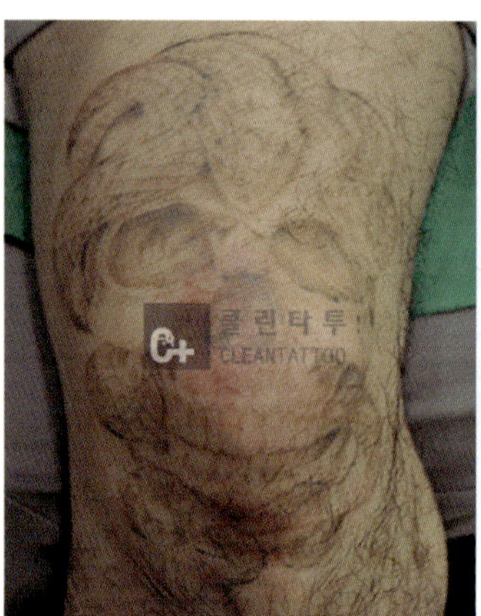

6차 시술 후

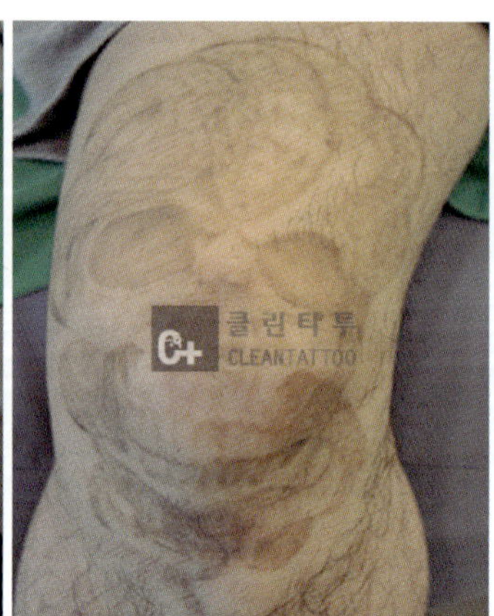

7차 시술 후

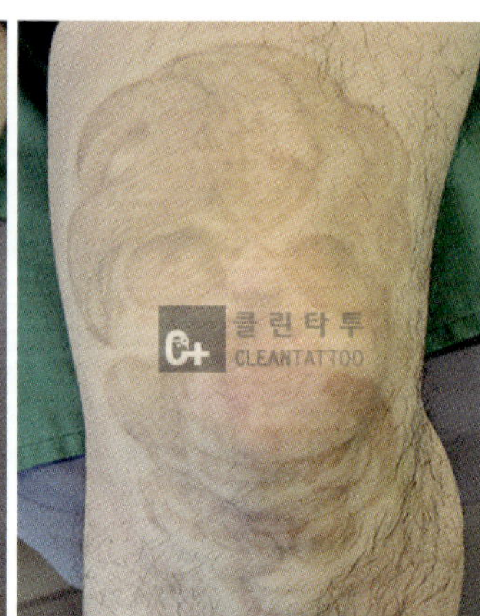

8차 시술 후

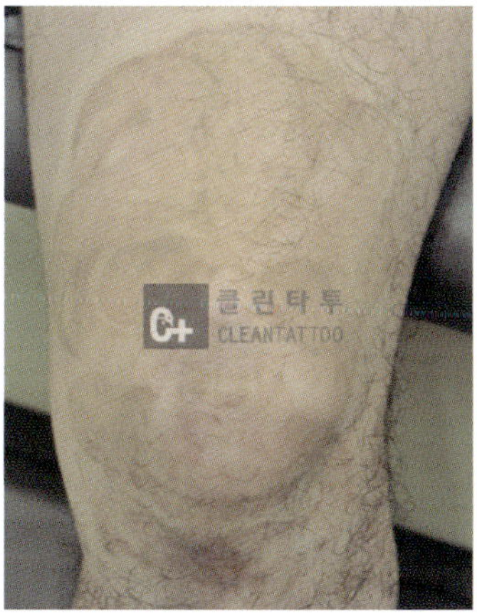

9차 시술 후

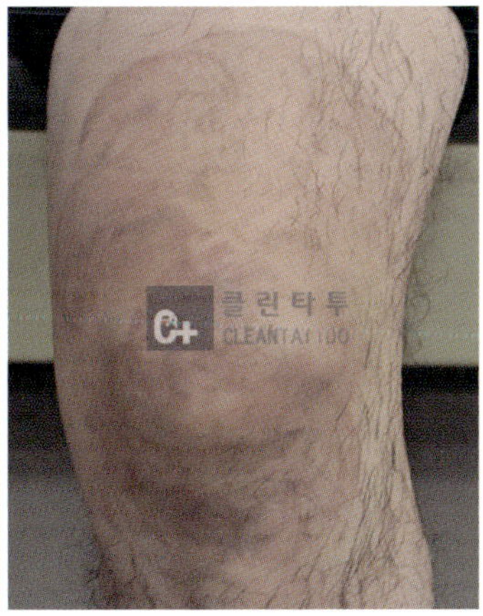

10차 시술 후

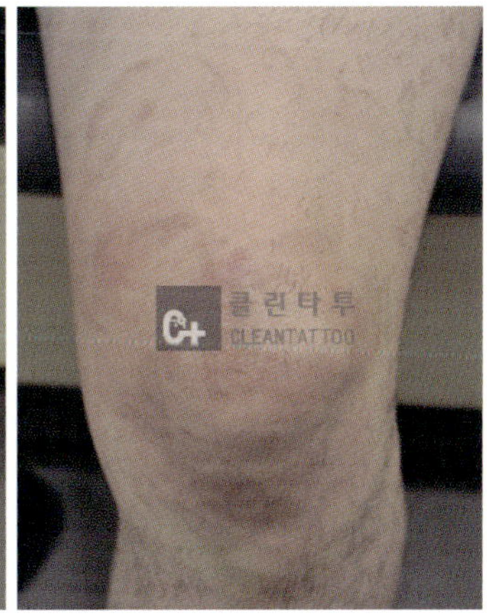

11차 시술 후

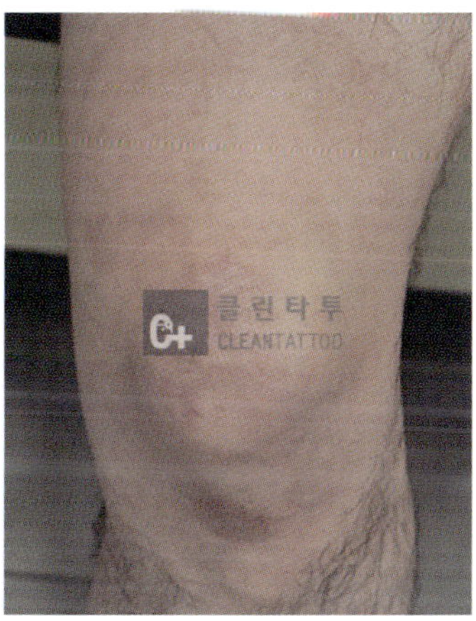

12차 시술 후

사례 5

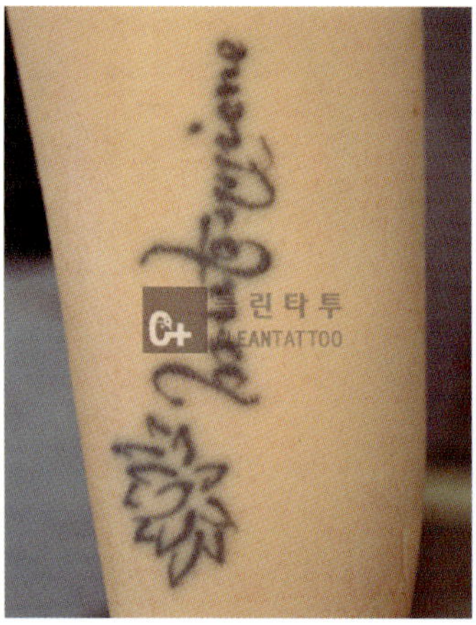

시술 전

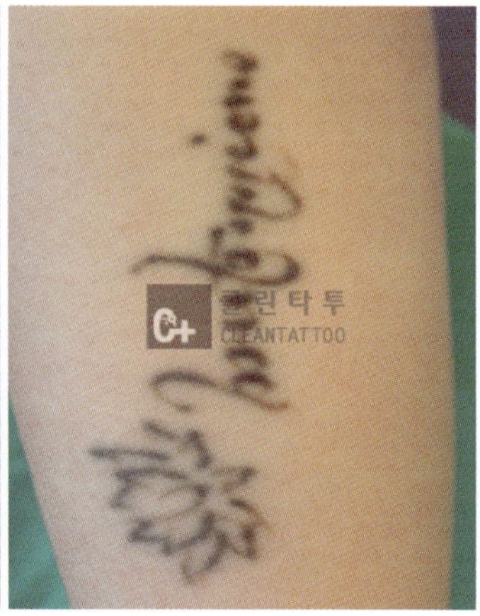

1차 시술 후

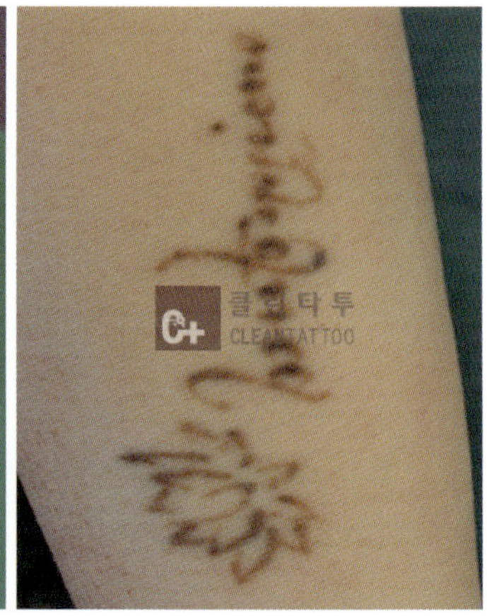

2차 시술 후

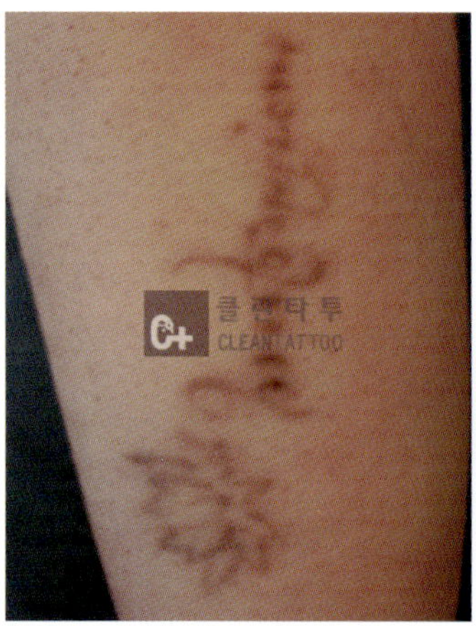

3차 시술 후

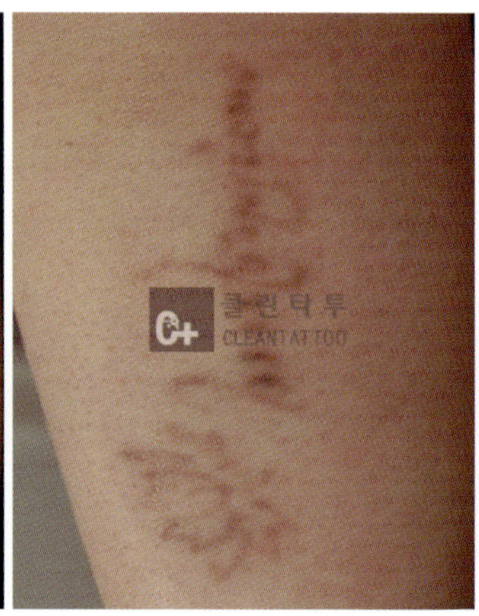

4차 시술 후

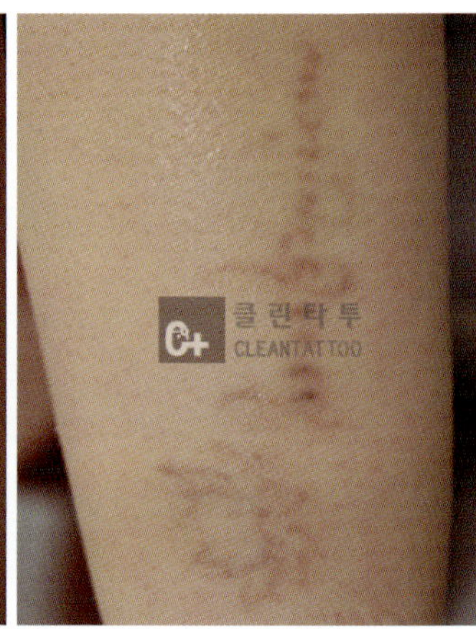

5차 시술 후

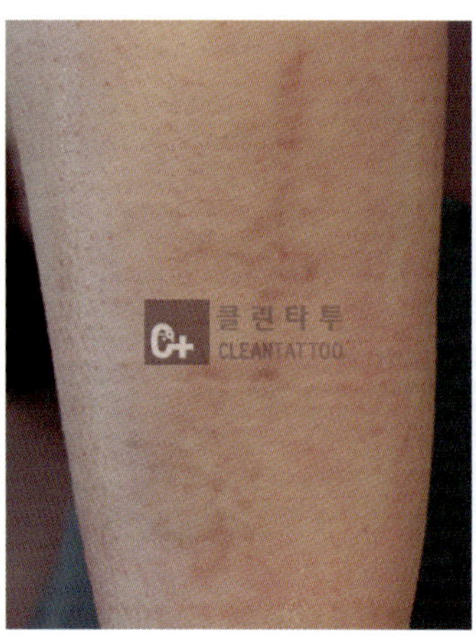

6차 시술 후

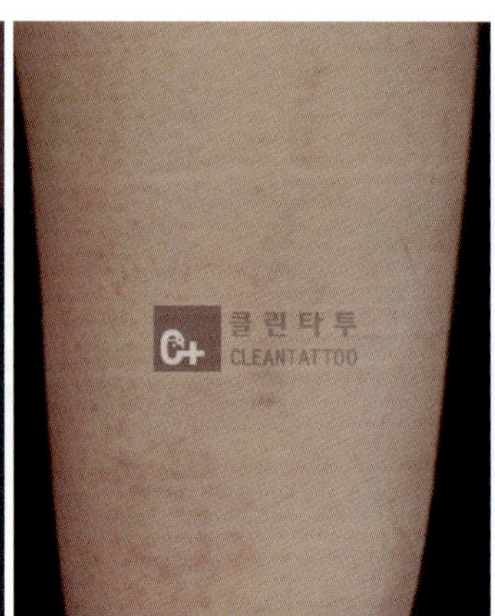

7차 시술 후

8차 시술 후

사례 6

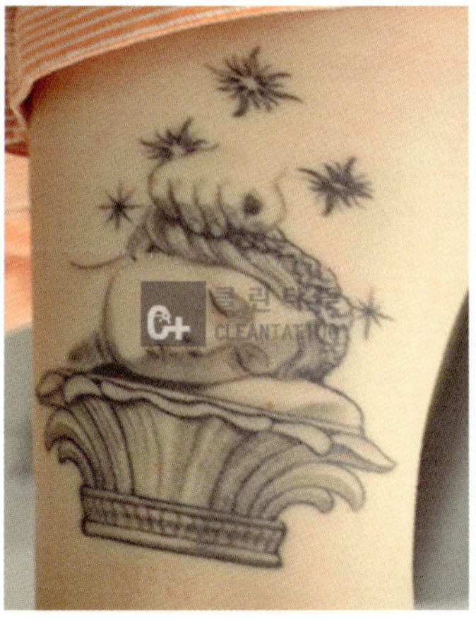
시술 전

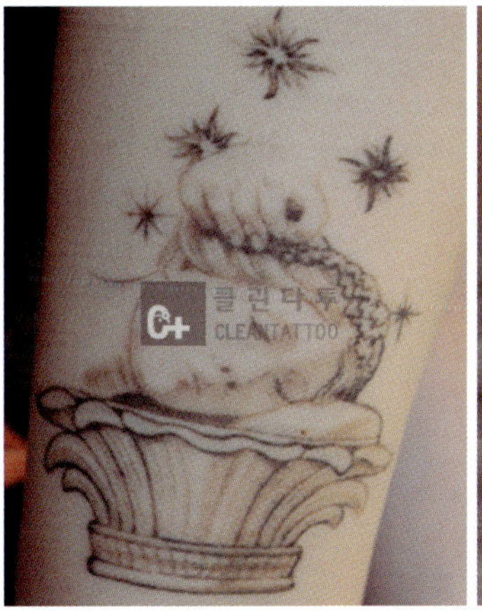
1차 시술 후

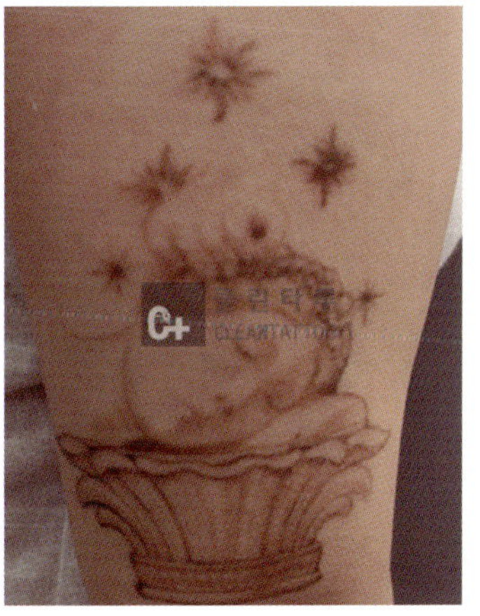
2차 시술 후

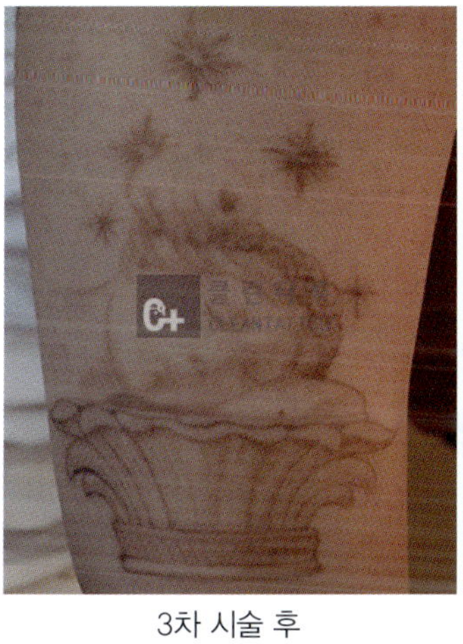
3차 시술 후

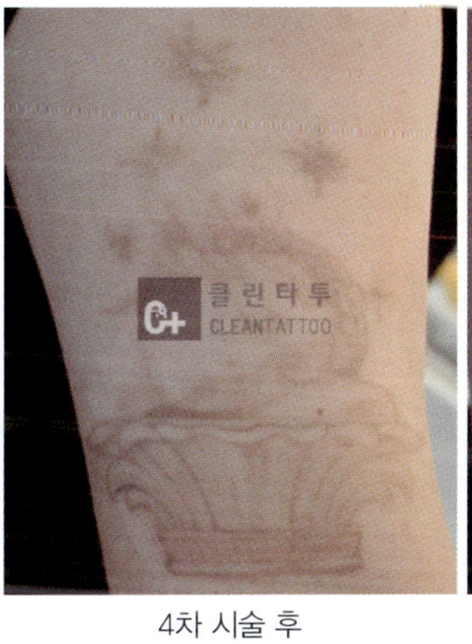
4차 시술 후

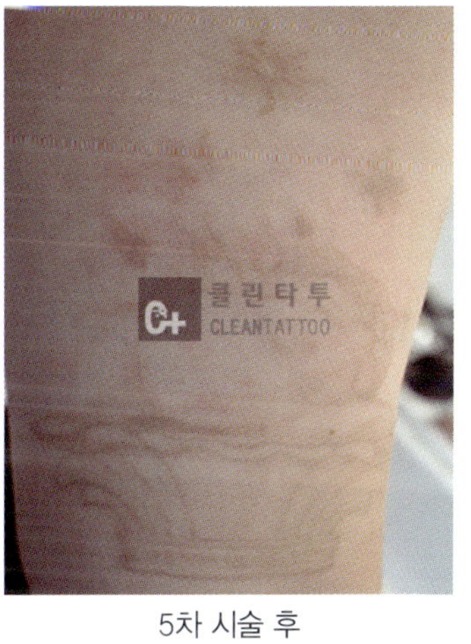
5차 시술 후

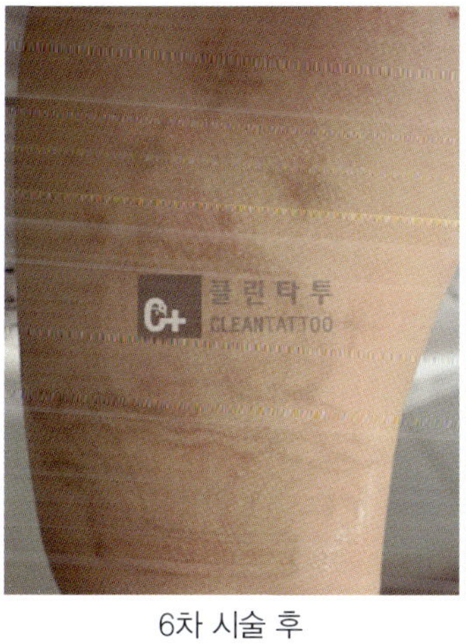
6차 시술 후

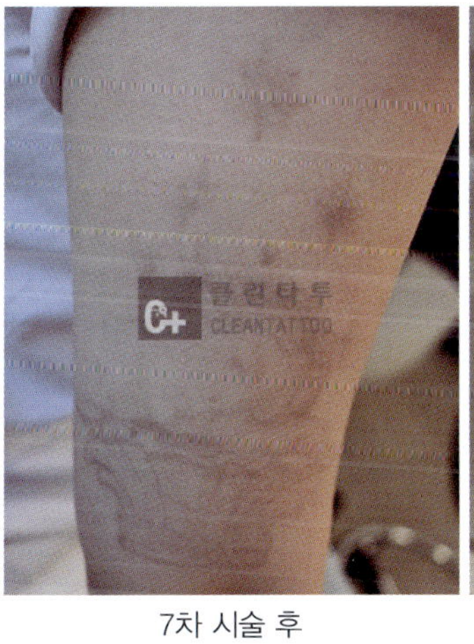
7차 시술 후

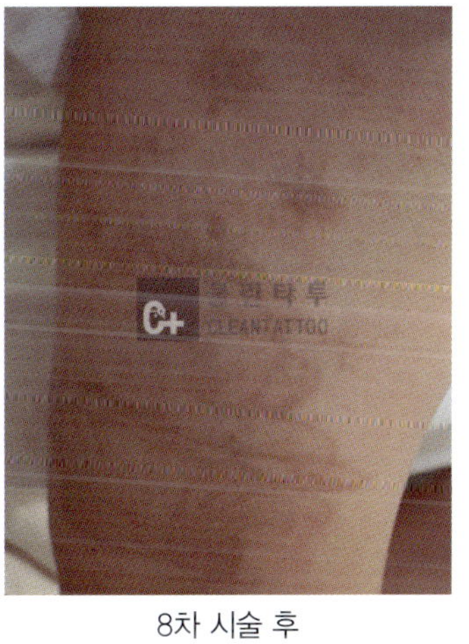
8차 시술 후

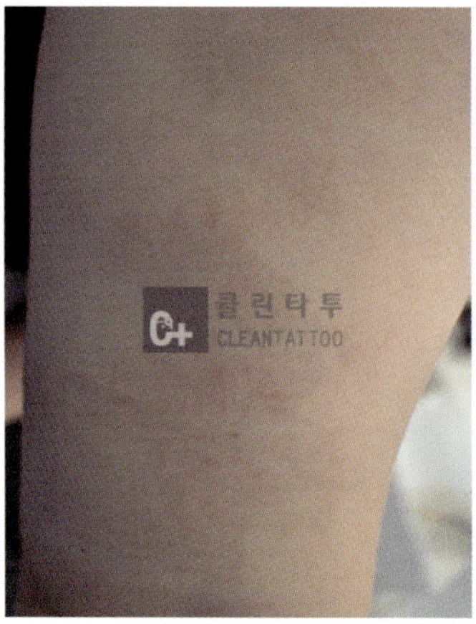

9차 시술 후

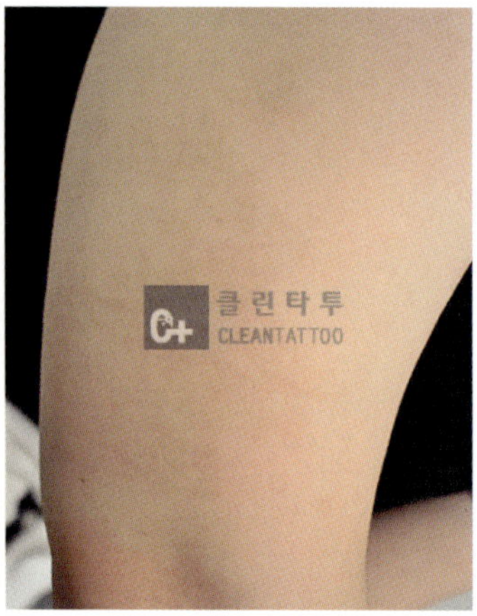

10차 시술 후

사례 7

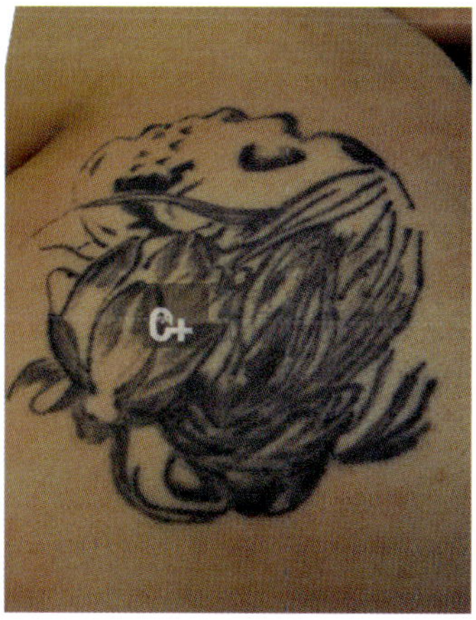

시술 전

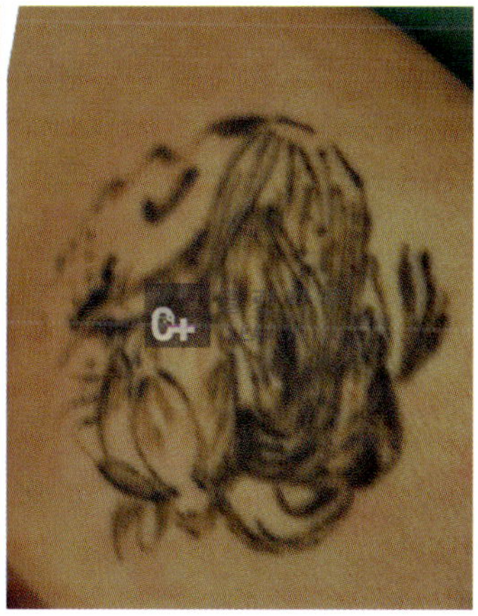

1차 시술 후

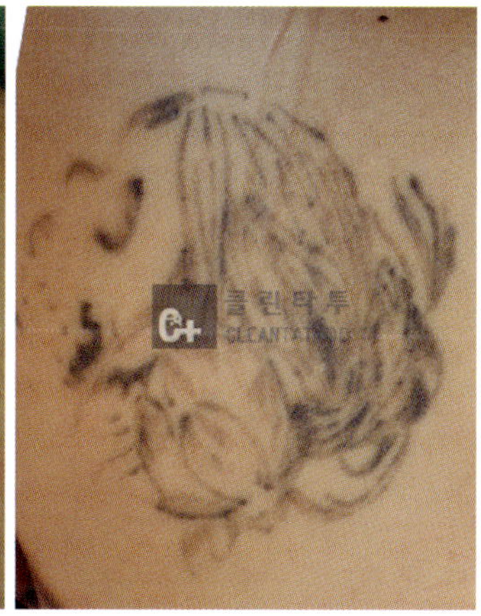

2차 시술 후

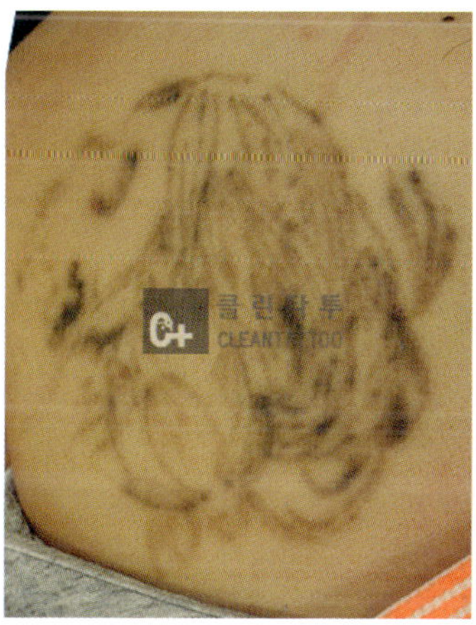

3차 시술 후

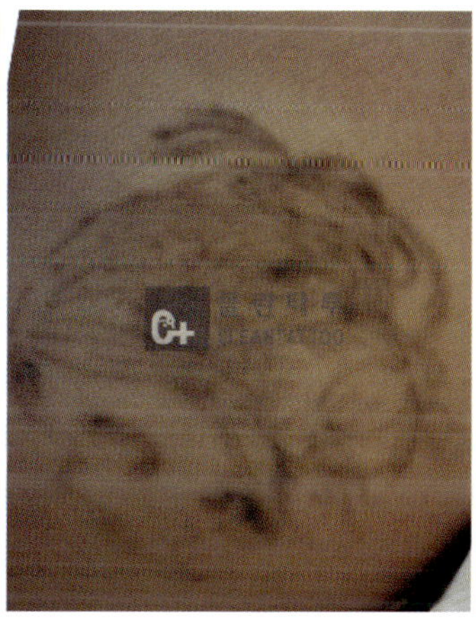

4차 시술 후

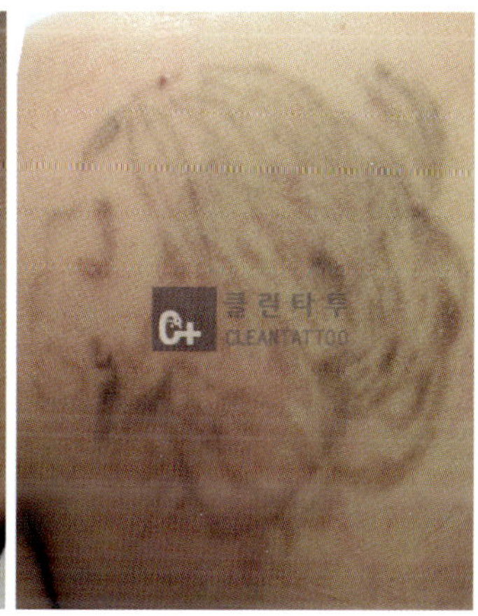

5차 시술 후

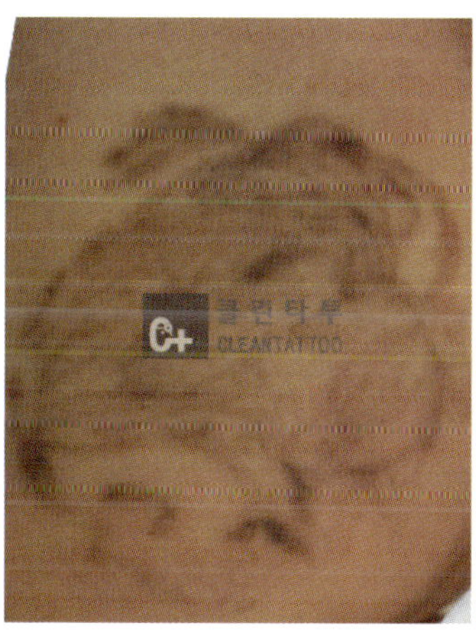

6차 시술 후

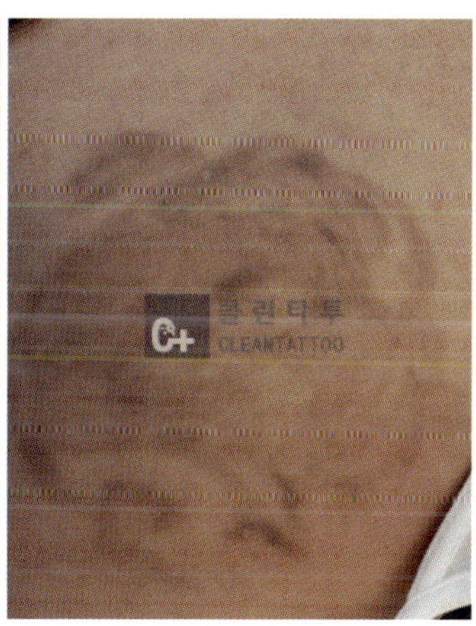

7차 시술 후

8차 시술 후

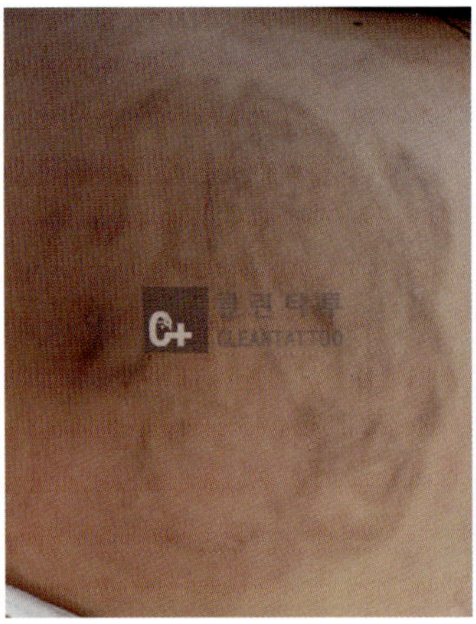

9차 시술 후

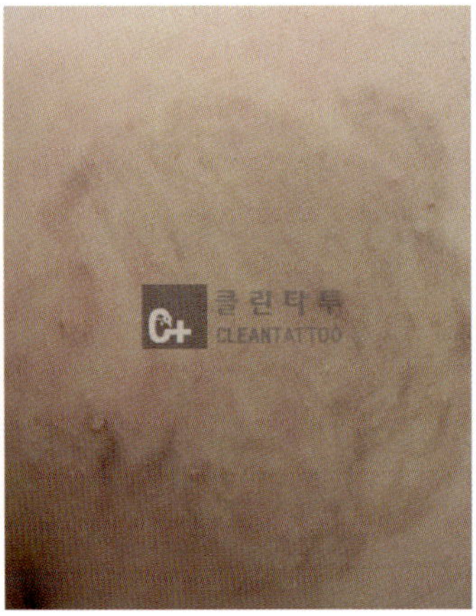

10차 시술 후

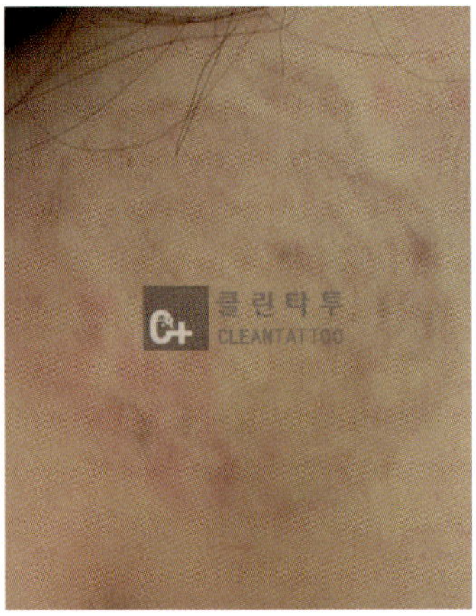

11차 시술 후

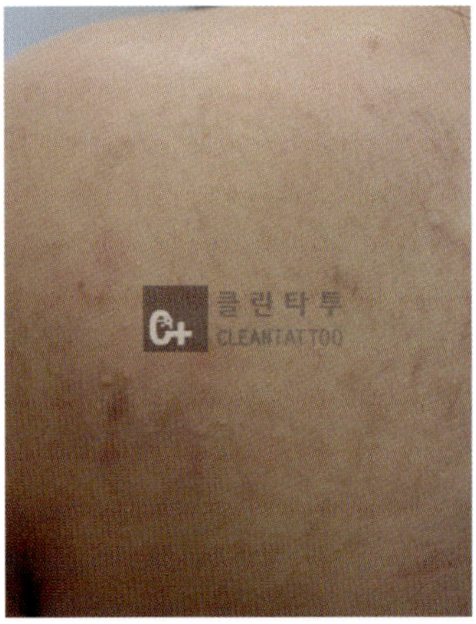

12차 시술 후

사례 8

시술 전

1차 시술 후

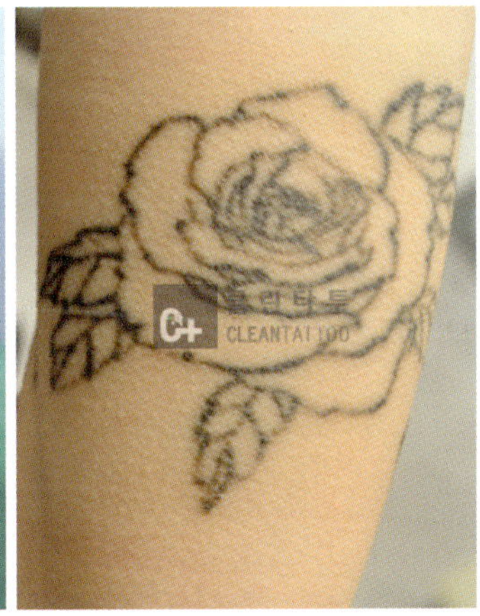

2차 시술 후

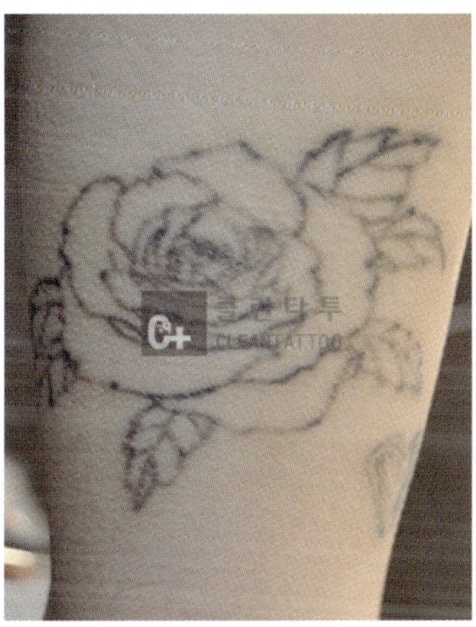

3차 시술 후

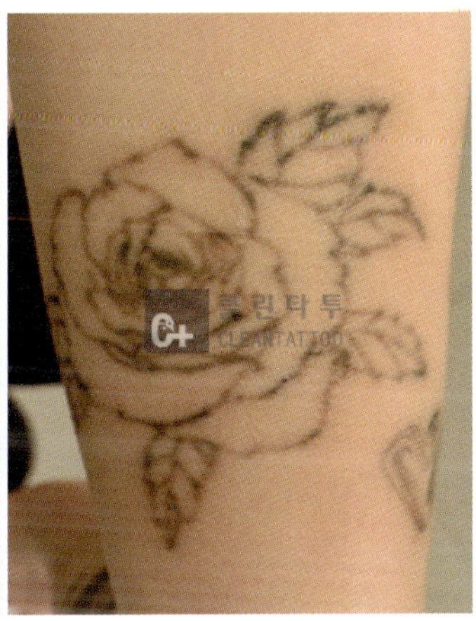

4차 시술 후

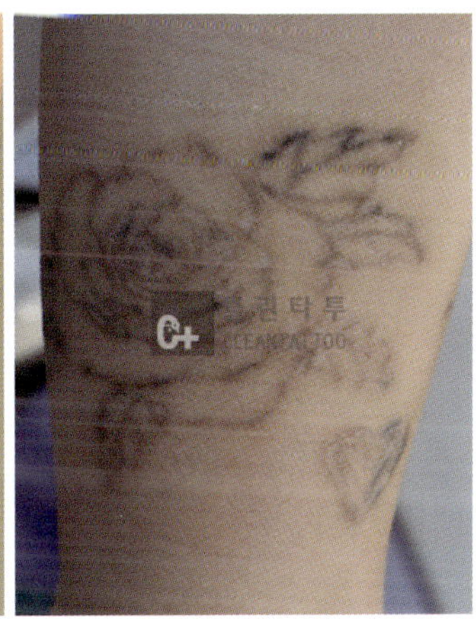

5차 시술 후

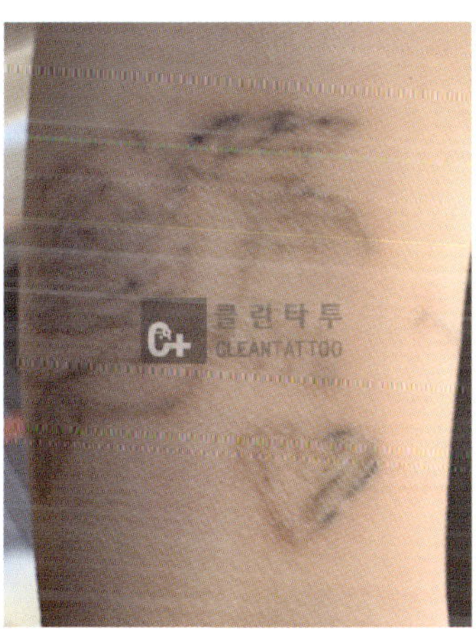

6차 시술 후

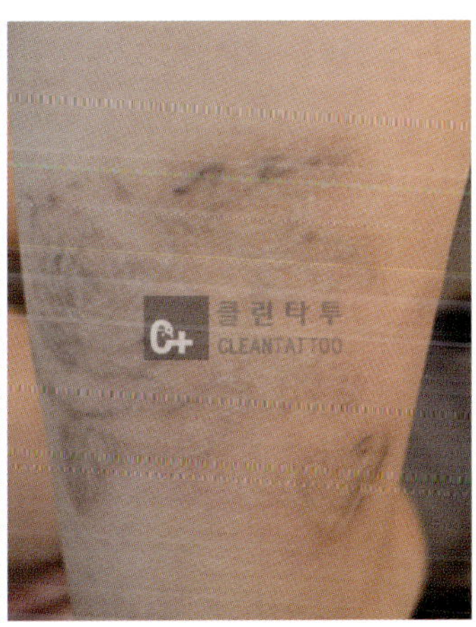

7차 시술 후

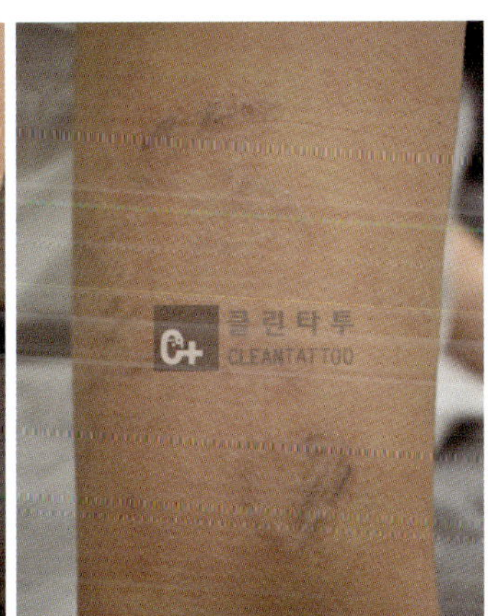

8차 시술 후

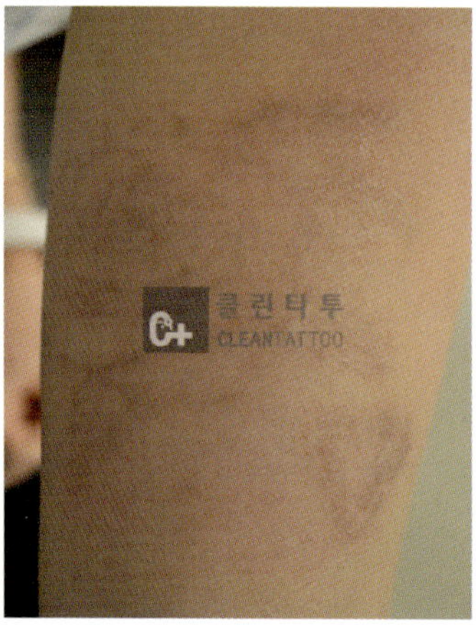

9차 시술 후

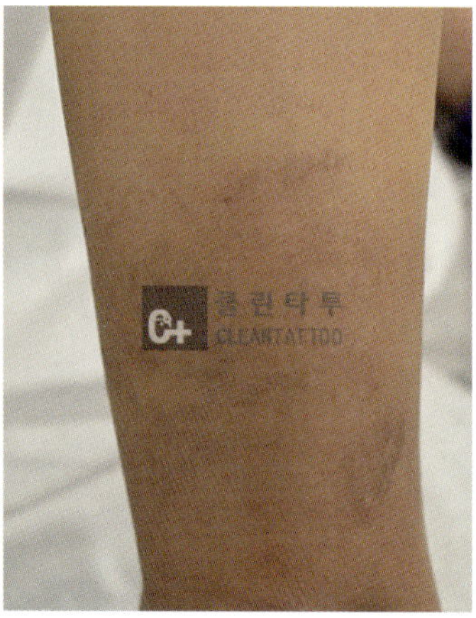

10차 시술 후

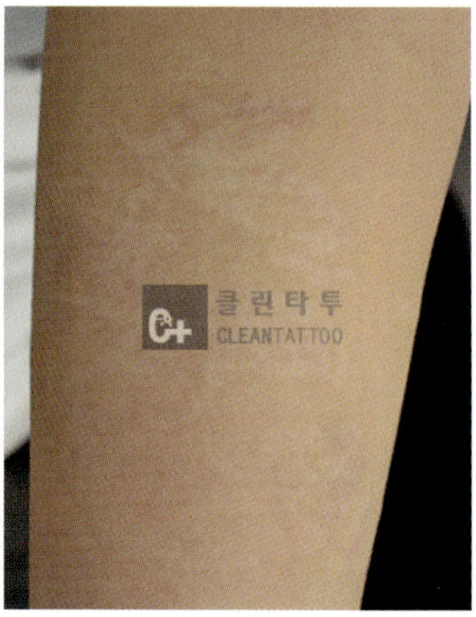

11차 시술 후

12차 시술 후

사례 9

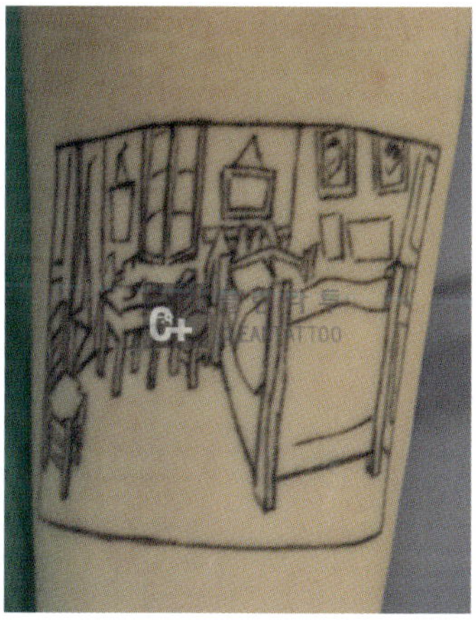

시술 전

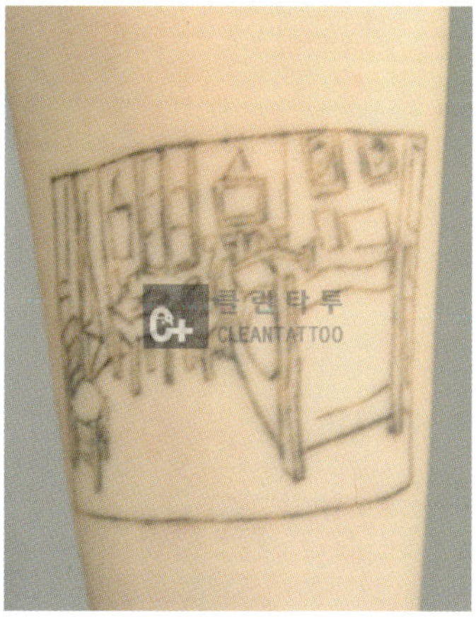

1차 시술 후

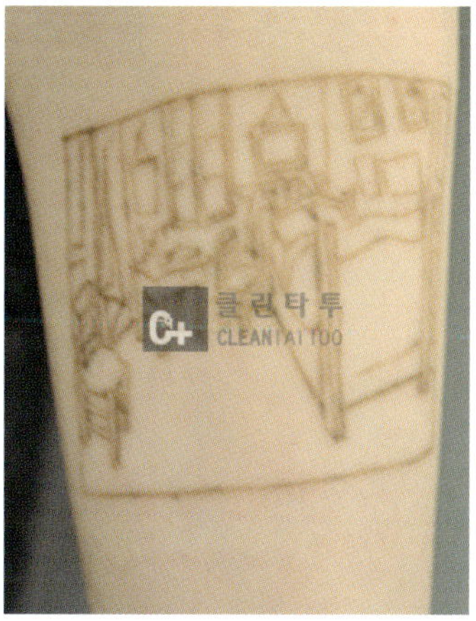

2차 시술 후

3차 시술 후

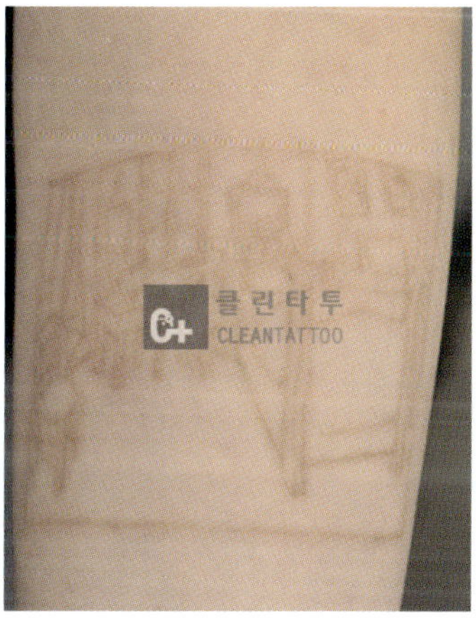

4차 시술 후

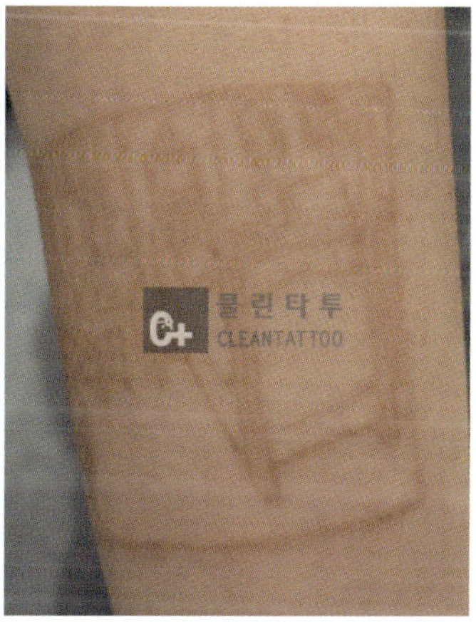

5차 시술 후

6차 시술 후

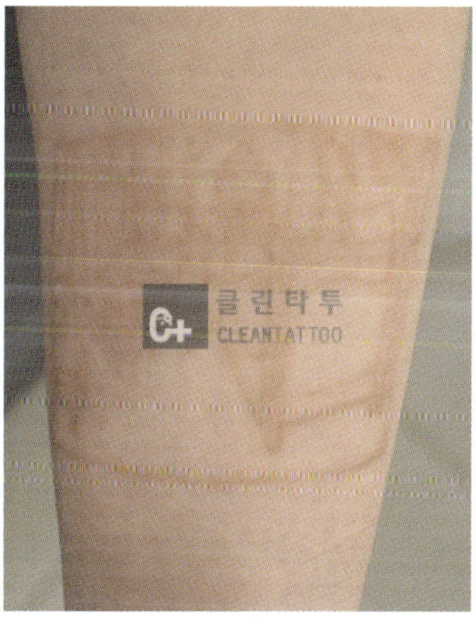

7차 시술 후

8차 시술 후

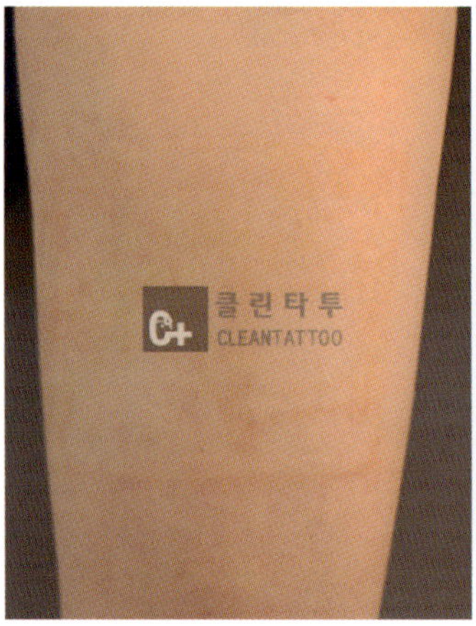

9차 시술 후

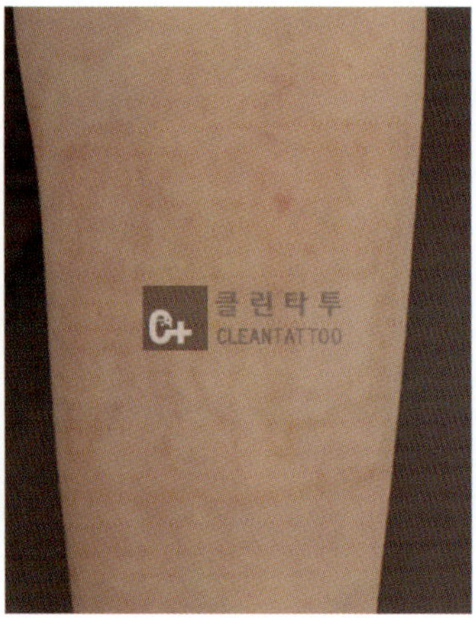

10차 시술 후

11차 시술 후

사례 10

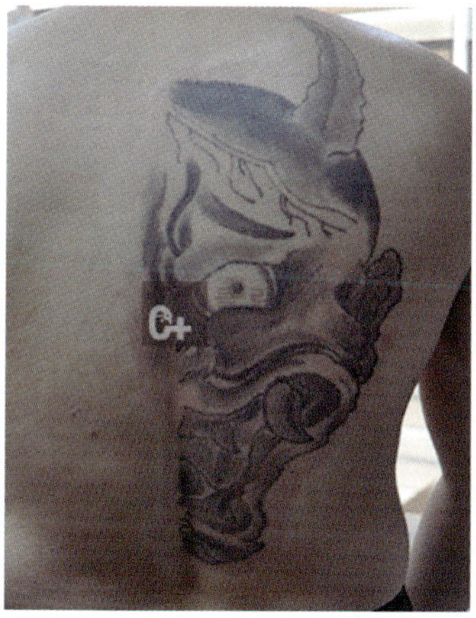

시술 전

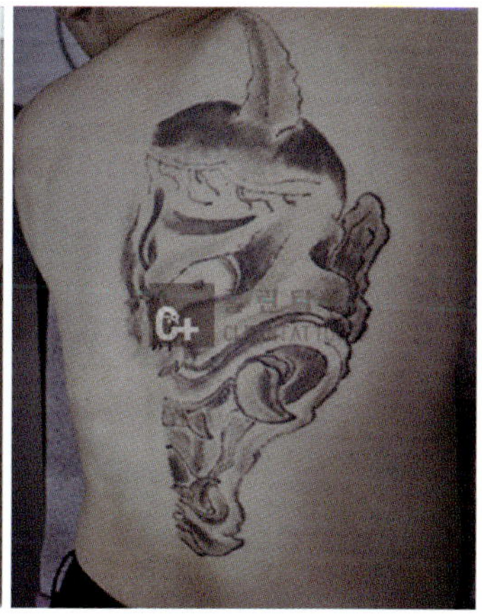

1차 시술 후

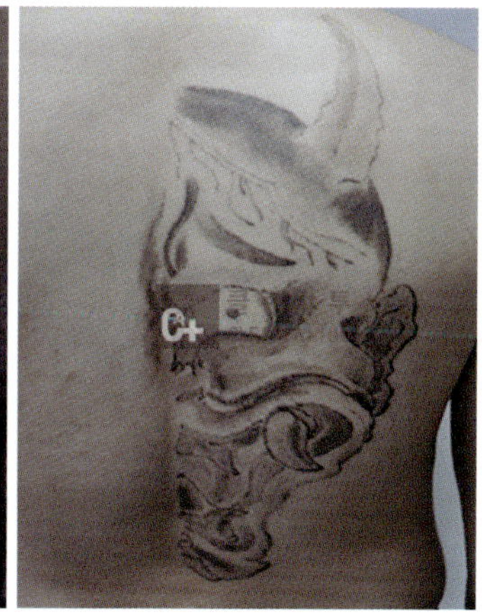

2차 시술 후

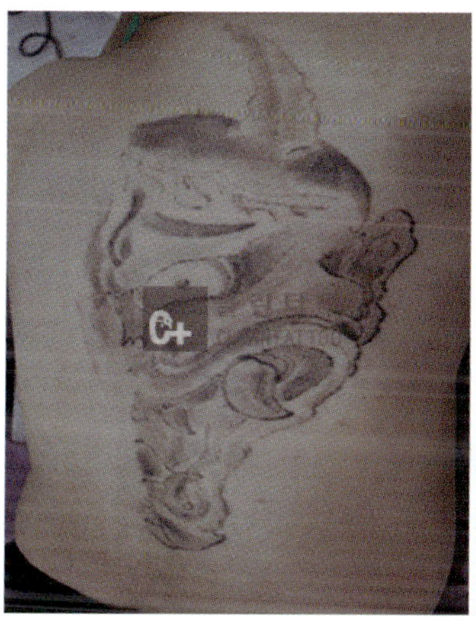

3차 시술 후

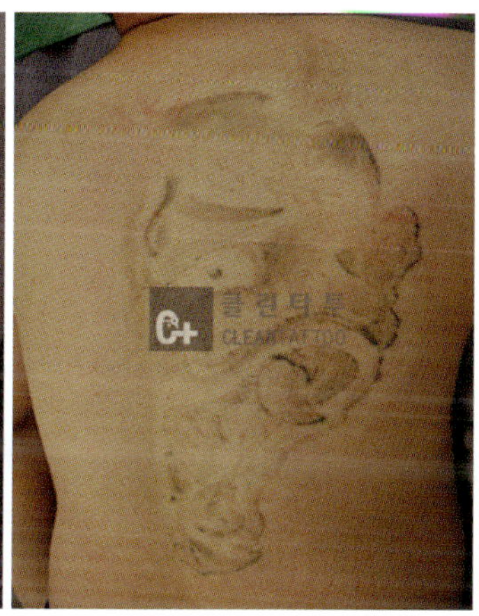

4차 시술 후

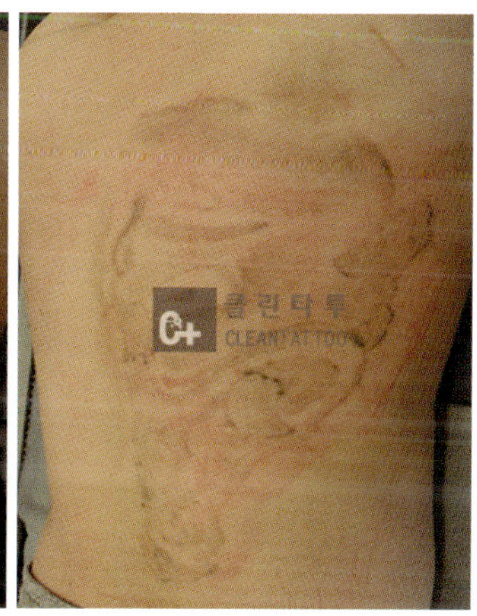

5차 시술 후

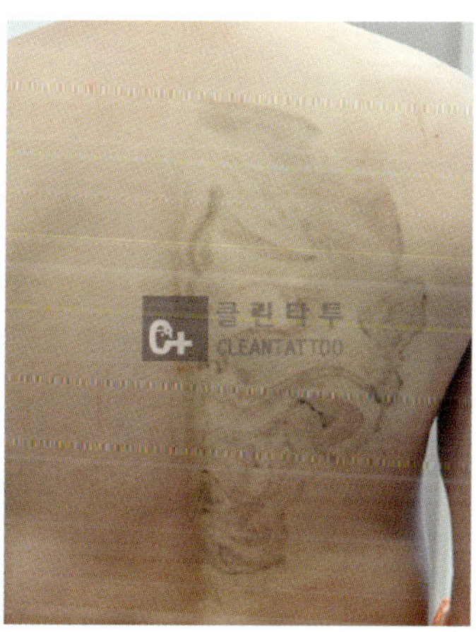

6차 시술 후

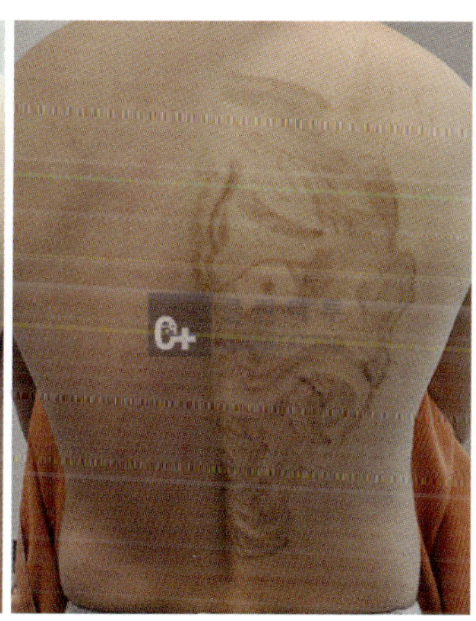

7차 시술 후

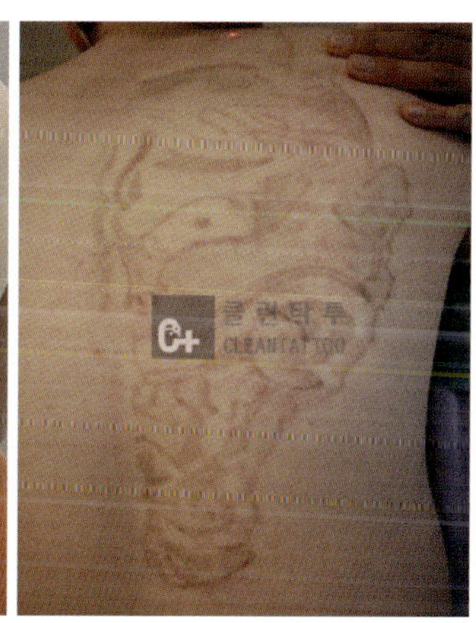

8차 시술 후

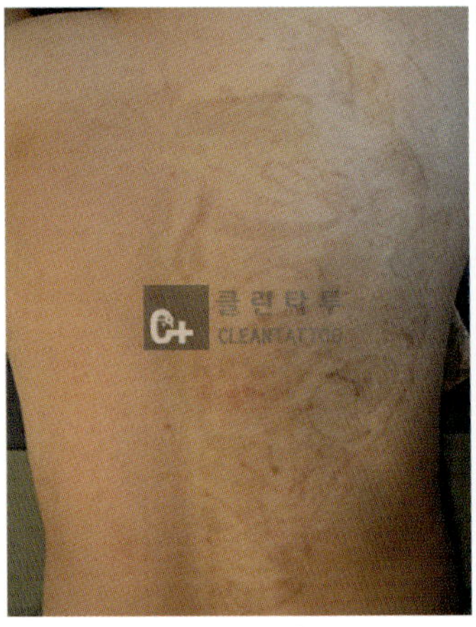

9차 시술 후

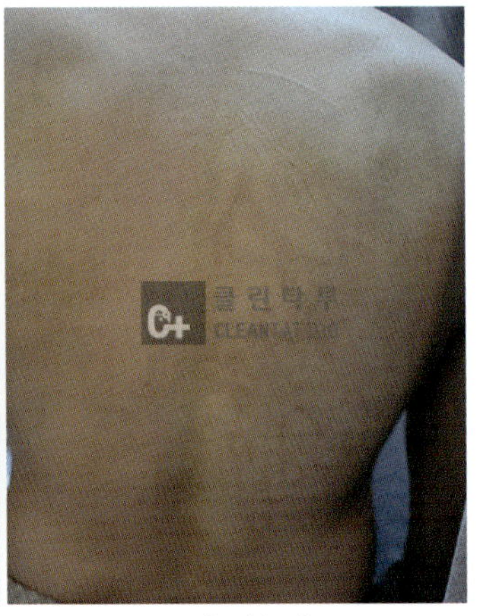

10차 시술 후

사례 11

시술 전

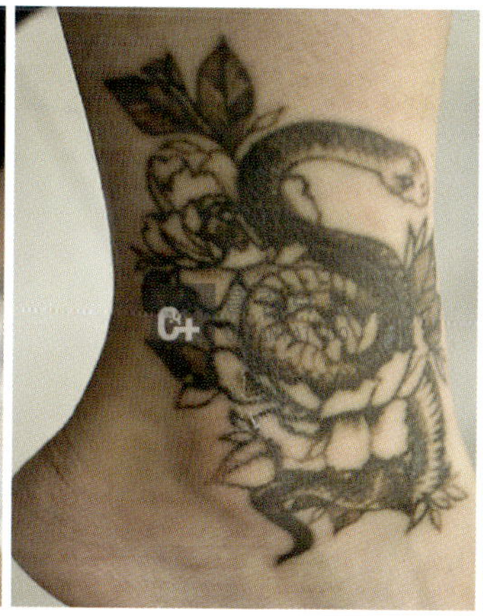
1차 시술 후

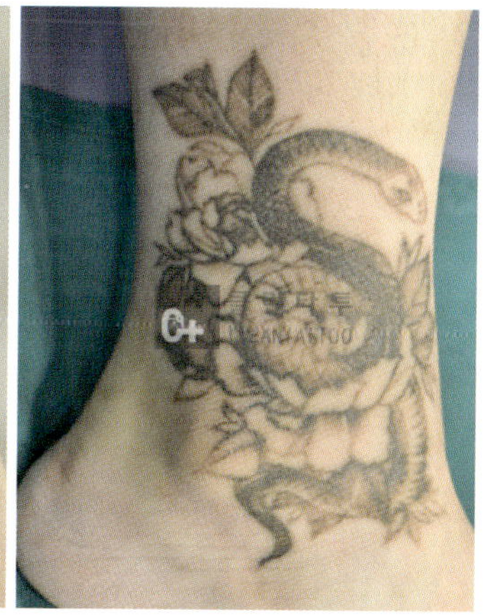
2차 시술 후

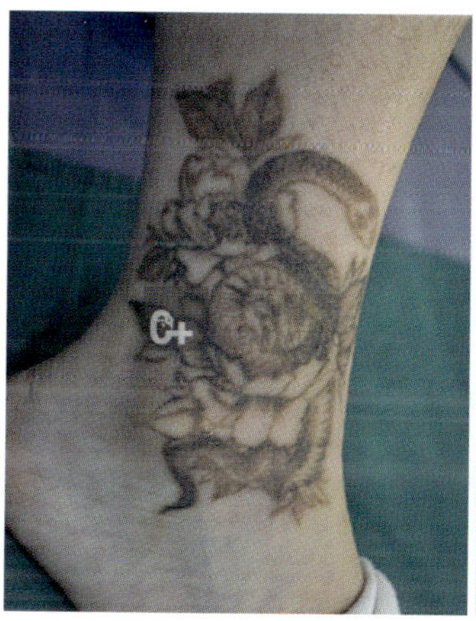
3차 시술 후

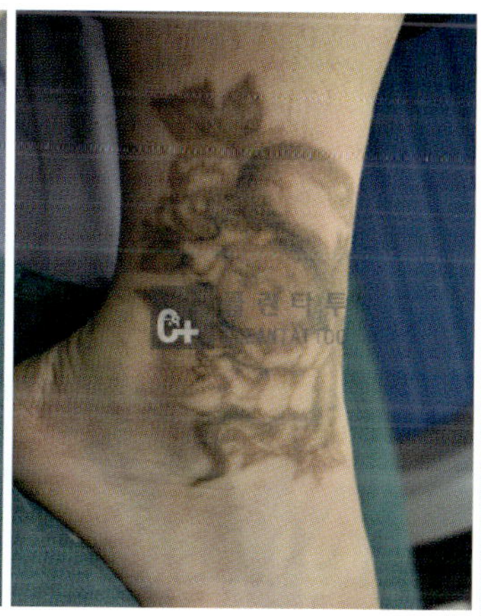
4차 시술 후

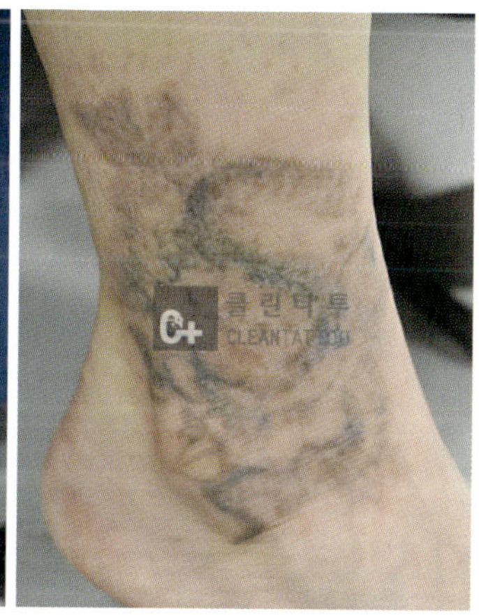
5차 시술 후

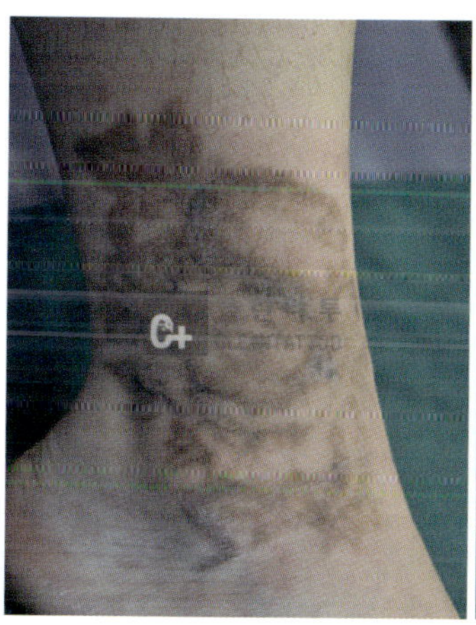
6차 시술 후

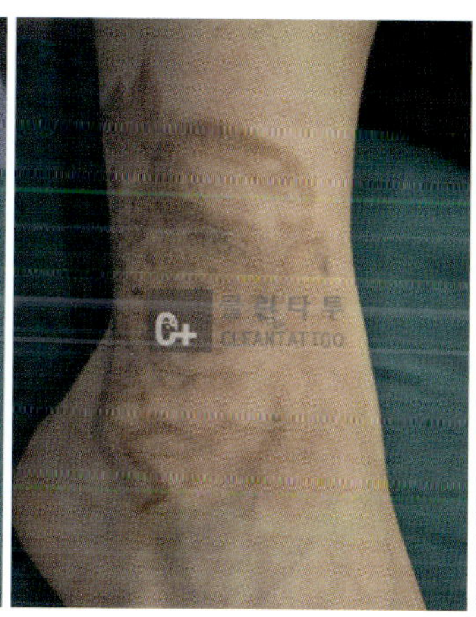
7차 시술 후

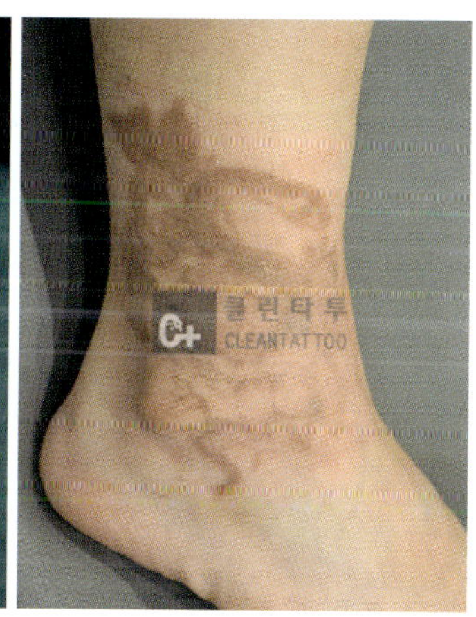
8차 시술 후

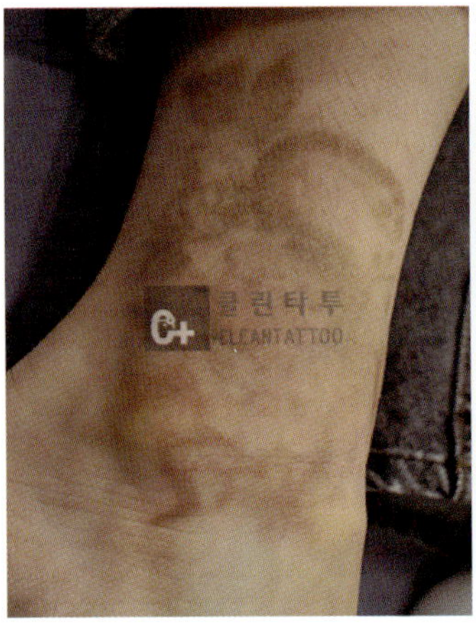

9차 시술 후

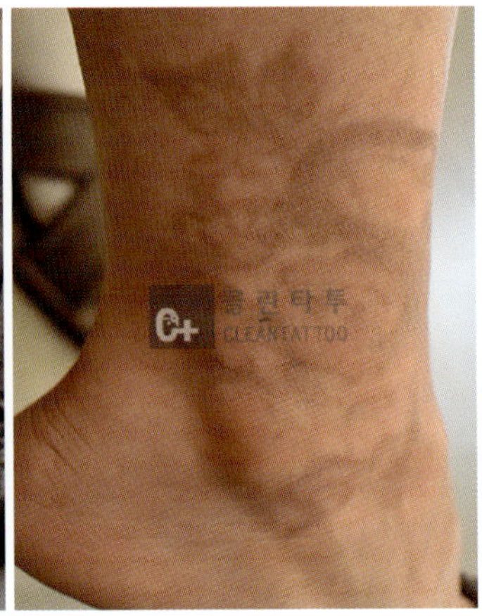

10차 시술 후

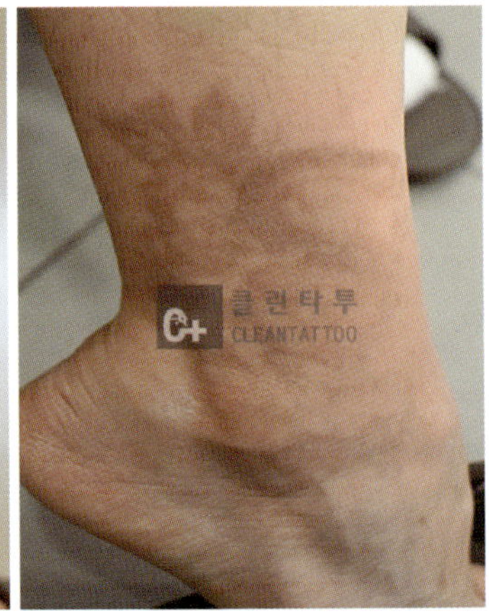

11차 시술 후

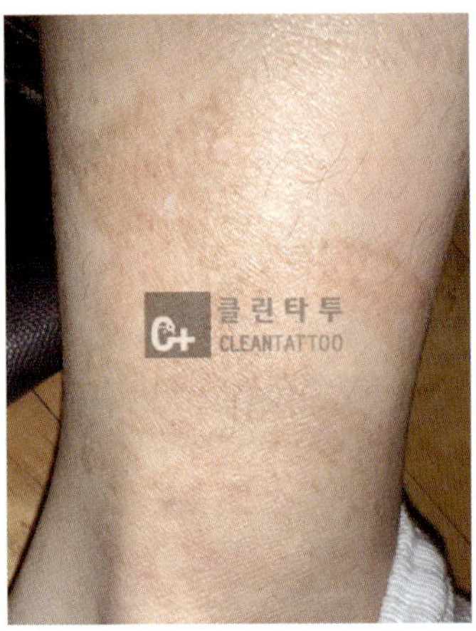

12차 시술 후

사례 12

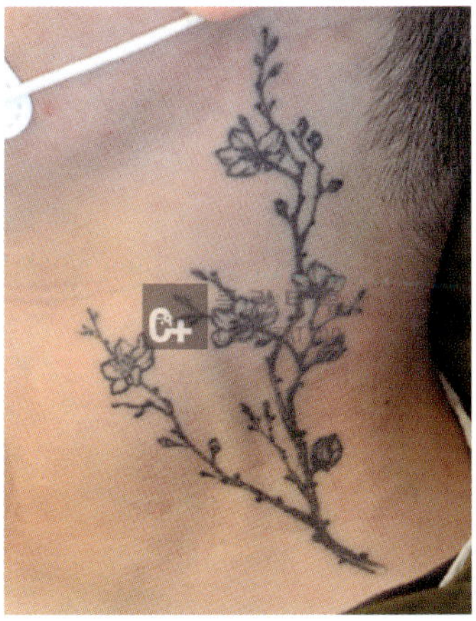

시술 전

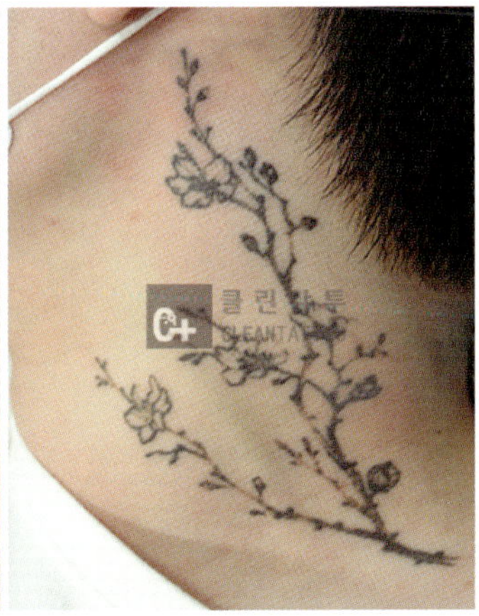

1차 시술 후

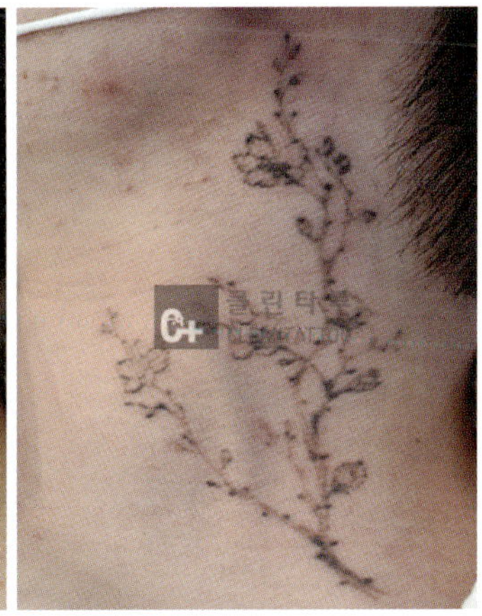

2차 시술 후

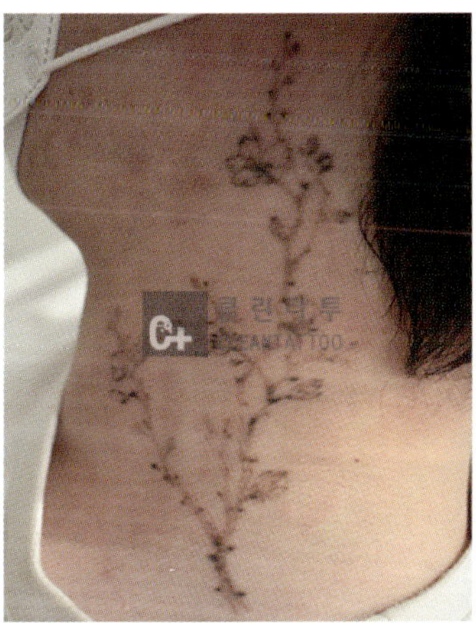

3차 시술 후

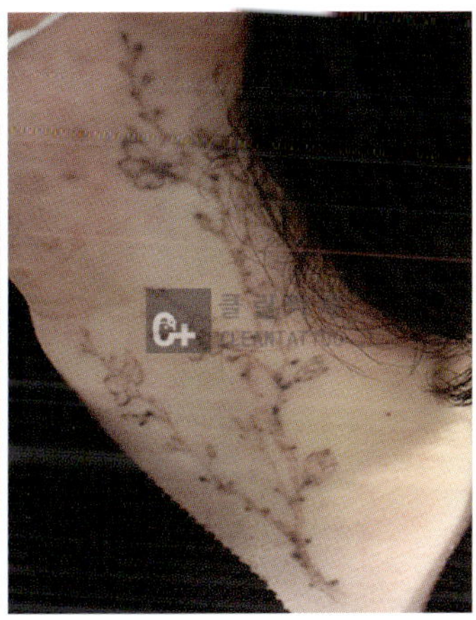

4차 시술 후

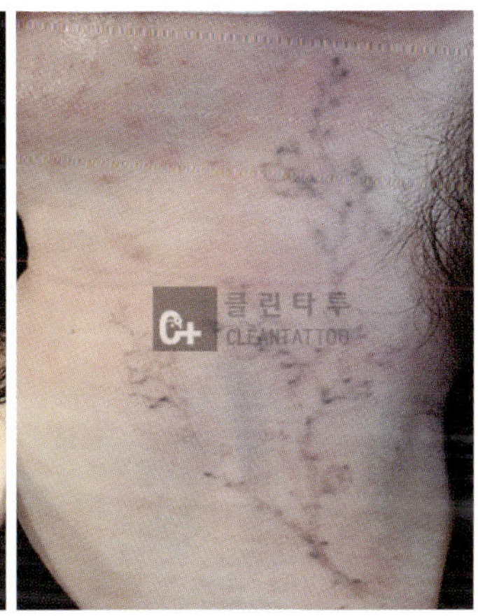

5차 시술 후

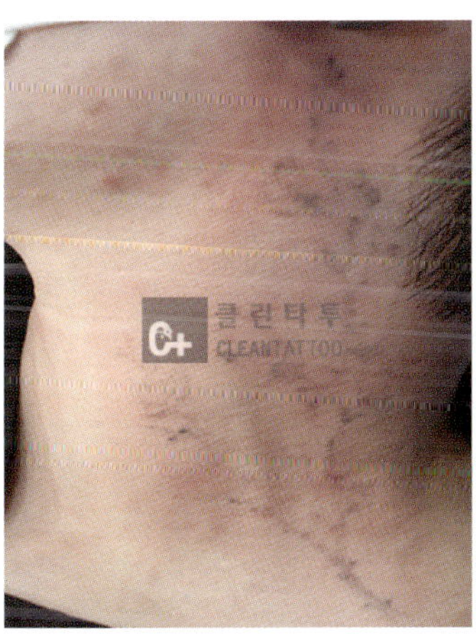

6차 시술 후

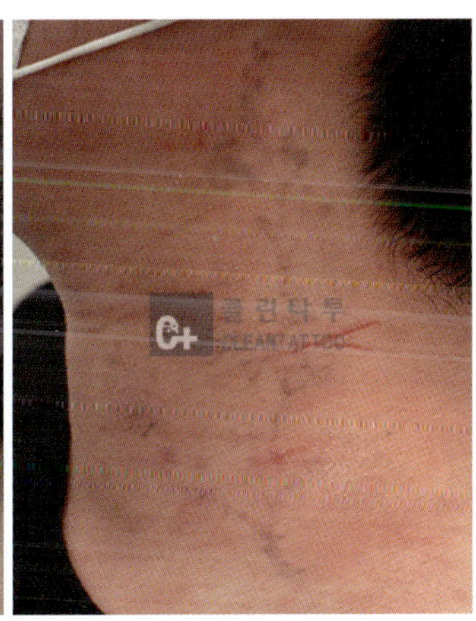

7차 시술 후

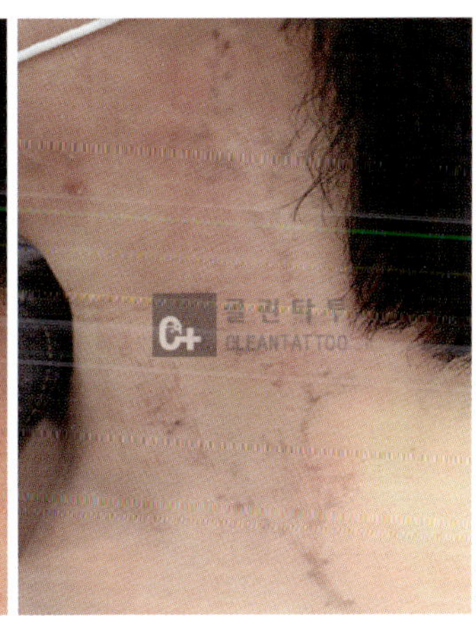

8차 시술 후

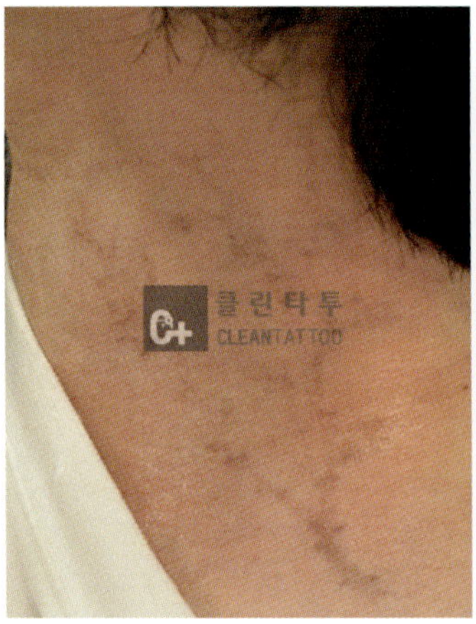

9차 시술 후

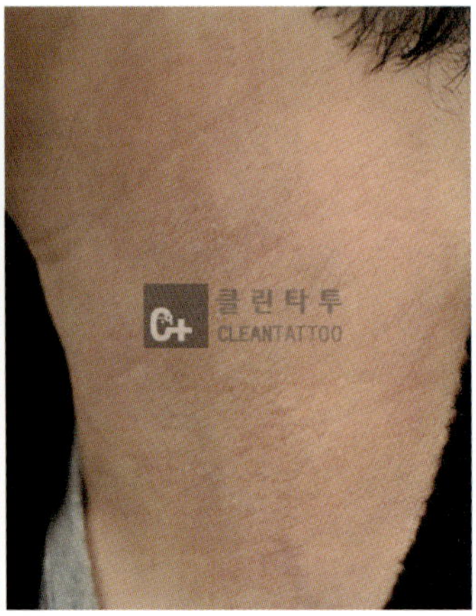

10차 시술 후

사례 13

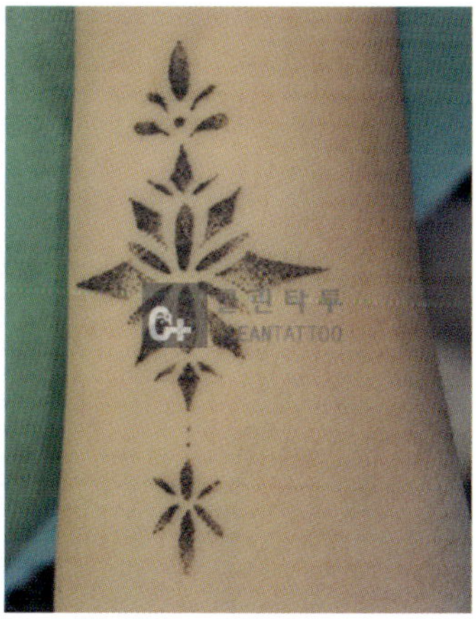

시술 전

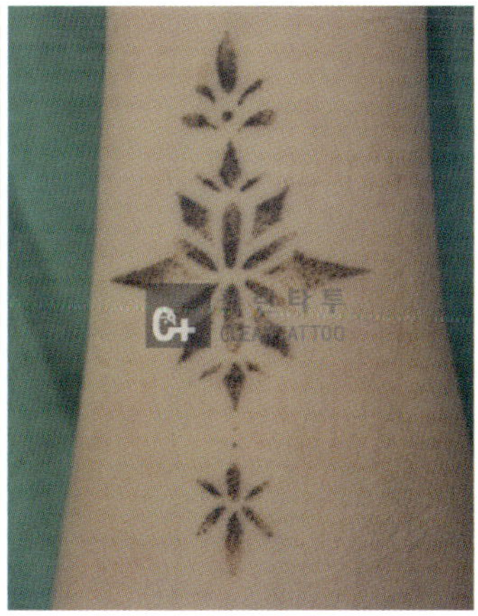
1차 시술 후

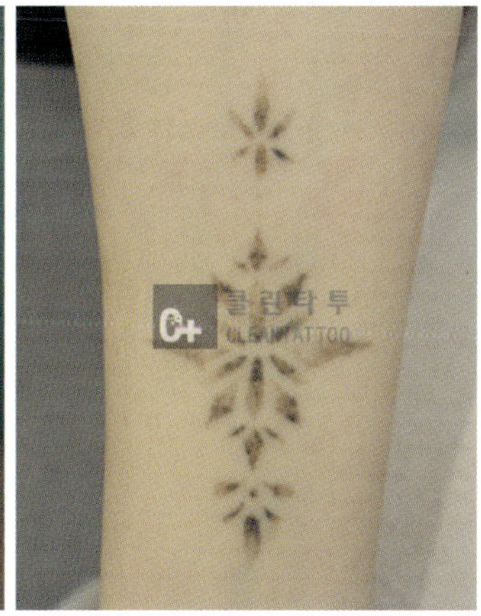
2차 시술 후

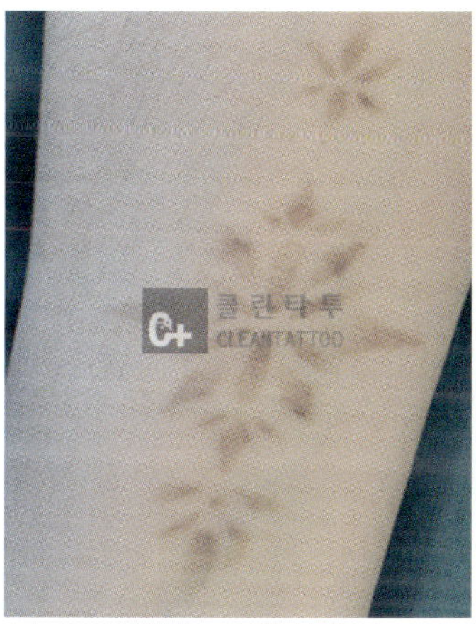

3차 시술 후

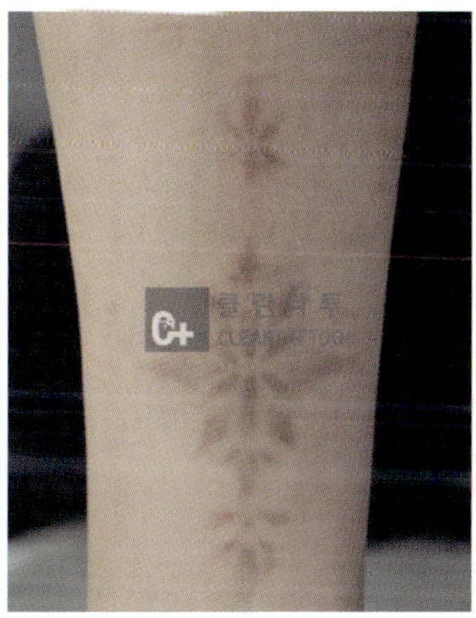
4차 시술 후

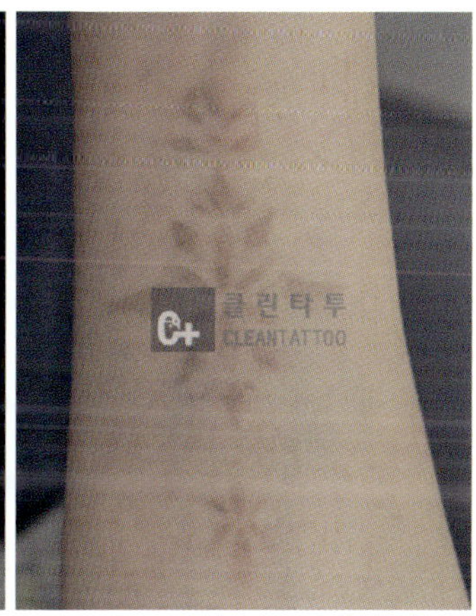

5차 시술 후

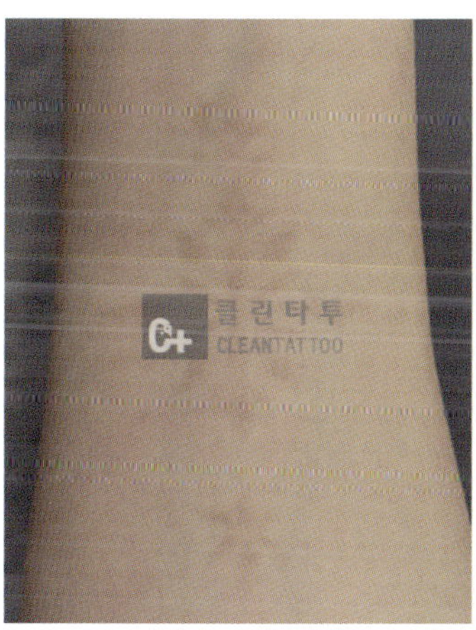

6차 시술 후

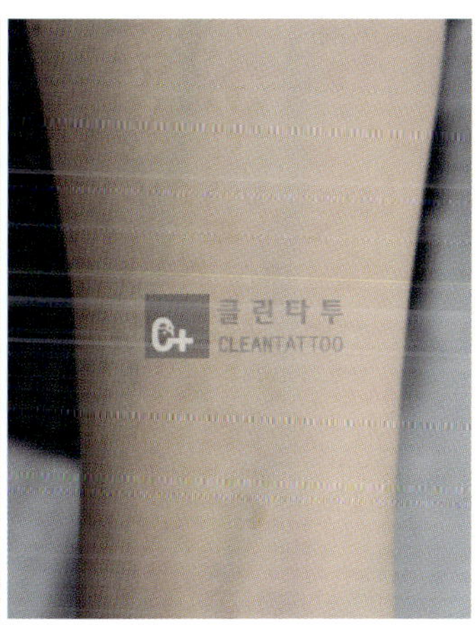

7차 시술 후

흑백 문신제거 설명

1차 시술 - picoway 4 mm, 1.2 J로 시작

2차 시술 - picoway 4 mm, 2.0 J

3차 시술 - picoway 4 mm, 2.4 J

4차 시술 - picoway 4 mm, 2.8 J

5차 시술 - picoway 4 mm, 3.2 J

6차 시술 - picosure 3 mm로 시술한다(요즘에는 피코슈어 프로를 이용해서 3.5 mm /2.6 J 정도로 시술함). 흑백 문신에도 755 파장을 10번에 한두 번 넣어주면 훨씬 깨끗하게 지워진다. 755 nm 사용 후 물집이 생기는 경우가 많아 fractional CO_2 laser로 물집을 터트려 주고 항생제를 처방해 주곤 한다. 매번 fractional CO_2 laser를 상용하면 피부에 자국이 남을 수 있어 5~10회당 한두 번 사용해 준다.

7~10차 시술 - picoway 3.2 J로 6주나 2달 간격으로 계속 시술해 주었고 색소가 거의 제거된 것을 볼 수 있다. 마지막 레이저 시술 후 6개월 안에 대부분의 PIH는 사라지게 되어 만족도는 점점 좋아진다. 이 정도 상태가 되면 더 이상 시술할 필요 없이 1년 뒤 자국이 남아 있으면 방문하시라 하고 환자분을 보낸다.

Scar나 hypopigmentation 없이 잘 치료됨을 확인할 수 있다.

2. 컬러 문신제거

1. 노란색, 붉은색, 갈색, 흰색

컬러 잉크를 피부에 새겨놓은 환자분이 내원하면 난감해할 수밖에 없다. 컬러 잉크는 잘 지워지지 않을뿐더러 흉이 많이 남기 때문이다. 문신제거 전문 병원이 아니면 일단 손대지 않는 것을 추천한다.

생각 없이 이레즈미 컬러 문신을 제거하기 위해 시술을 했다가 환자와 트러블이 생기고 당황해서 본원에 환자를 보내는 경우를 여러 번 경험했다. 문신제거 환자분들은 일반 피부 환자들에 비해 매우 예민한 경우가 적지 않기 때문이다.

컬러 문신에 1,064 nm 레이저를 조사하게 되면 피부가 터지거나 아예 반응하지 않는 경우를 흔히 보게 된다. 컬러 문신제거 전용 레이저가 없을 경우에 경험이 많지 않으신 local 원장님들이 파워를 올려 그냥 레이저를 조사하는 경우를 흔히 볼 수 있는데, 이럴 경우 열에 아홉은 흉터가 생기게 된다. 그래서 의사 선생님들은 각각의 색소에 맞는 레이저를 조사하여야 한다.

노란색, 붉은색, 갈색, 흰색 문신은 p9 그림 3에서 확인할 수 있듯이 532 nm 파장에서 가장 흡수가 잘 되기 때문에 532 nm 파장을 이용한다.

Picoway 기준으로 처음 4 mm spot size에 0.5~0.6 J로 시작하고, 두 달 간격으로 반복 시술하며 색소가 점점 흐려지면 나중에 0.9~1.0 J까지 점진적으로 파워를 올리며 시술한다. 여러 색이 섞여 있을 때도 붉은색을 가장 먼저 시술한 다음에 다른 색 문신을 시술하여야 한다. 이유는 다른 색 레이저를 먼저 시술하고 나면 피부에 붉은 부분이 많이 생겨서 붉은색 분간이 되지 않는 경우가 많기 때문이다. 본원에서는 환자가 오면 먼저 치료 전 사진을 찍어서 차트 맨 뒷장에 보관 후 시술할 때마다 보면서 시술한다. 이렇게 하면 색깔 별로 실수하지 않고 시술할 수 있기 때문이다.

쉬어가는 시간

Paradoxical darkening

눈썹에 반영구화장을 한 환자분들 중에 처음에는 괜찮았는데 시술한 눈썹이 붉어져서 내원하는 경우가 종종 있다. 이는 갈색 눈썹을 만들기 위해 검은색에 붉은 잉크를 섞어서 잉크를 만들어 눈썹에 반영구 시술을 하기 때문이다.

시간이 지나면서 검은색 입자가 몸에서 먼저 빠져나가면서 눈썹에 붉은색 입자만 남아 있게 되기 때문에 붉은색 눈썹을 하고 환자가 내원하게 되는 것이다.

이러한 경우에는 532 nm 파장을 이용해서 0.5~06 J로 눈썹에 1 pass 정도 시술해 주면 즉석에서 검은색으로 변하게 된다. 결국 환자분은 매우 만족하면서 집으로 돌아가게 된다.

이렇듯 532 nm 파장을 붉은색이나 흰색에 조사할 경우 검게 순간적으로 변하는 것을 paradoxical darkening이라 한다. 이는 rust-colored ferric oxide가 순간적으로 black-colored ferrous oxide로 환원되면서 생긴다. 흰색 잉크의 경우도 paradoxical darkening을 볼 수 있는데 white-colored titanium dioxide가 blue-colored titanium dioxide로 전환되면서 검은색으로 순간적으로 변하게 된다.

입술에 붉은색으로 문신 시술을 하신 분이 문신을 지우러 왔다가 이런 것을 모르고 원장님이 문신제거 시술을 한 뒤 검게 변하게 되면 감당할 수 없을 정도의 complaint를 경험하게 된다. 그렇기 때문에 이러한 경우에는 문신제거 시술 전에 꼭 설명하고 공지한 후 시술하여야 한다. 또 튼살 부위에 흰색이나 살색 잉크로 문신 시술을 하였다가 표가 많이 난다는 이유로 이런 문신을 지우러 왔을 때, 아무 생각 없이 문신제거 시술을 하면 튼살 부위가 검게 변하게 된다. 그래서 이러한 지식을 꼭 알아두었다가 시술 전에 환자분과 충분히 상의한 다음에 시술하는 것이 바람직하다.

⊙ Case

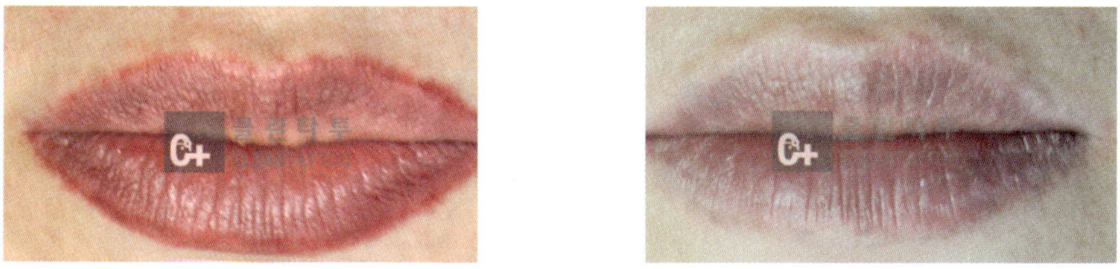

Before　　　　After

그림 2 붉은색 문신제거 전후

⊙ Case

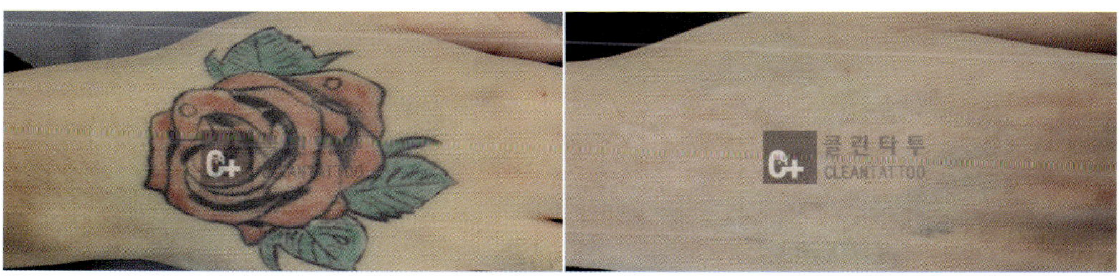

Before　　　　After

그림 3 붉은색, 초록색 혼합 문신제거 전후

2. 파란색, 녹색

694 nm 루비레이저, 755 nm 알렉산드라이트 레이저 730 nm, 780 nm 레이저 모두 잘 반응한다. 레이저 시술 시 whitening이 너무 세면 다음 날 커다란 물집이 생길 수 있으므로 시술 후 약간의 whitening이 발생할 정도의 파워로 하는 것이 가장 좋다. 본원에서는 보통 Picosure pro 레이저를 이용하며 4 mm, 1.3 J/cm^2로 시작하여 회차가 거듭될수록 에너지를 올려서 10회차 정도에서는 3 J/cm^2 이상으로도 파워를 올려서 시술한다.

Picosure의 경우 2014년 제조된 뒤 업그레이드되지 않아 파워조절을 spot size로밖에 할 수 없고 전반적으로 파워가 문신제거하기에 약간 부족함이 있었다. 그런데 최근 2023년 Picosure pro가 개발되면서 기존에 peak power가 200 mJ에서 300 mJ로 50%나 power가 올라갔고 파워조절기능까지 추가되어 color 문신제거가 한결 수월해졌다.

한국에서는 ㈜원텍이라는 레이저 회사에서 전 세계에서 두 번째로 755 nm 파장의 레이저가 제조되어 판매되고 있다. ㈜원텍의 피코 알렉스의 경우 파워가 기존의 picosure보다 더 업그레이드되었고(picosure pro보다는 아직 파워가 약함) 파워 조절도 가능하다. 가격도 미국 cynosure 피코슈어 프로보다 많이 저렴하여 한국 선생님들이 구매하기에 적당하고 좋은 것 같다.

가끔 의사선생님들이 푸르거나 녹색의 문신에 1,064 nm 파장을 이용하시기도 하는데, 그러면 잉크가 분쇄되기보다 표피부터 피부만 터지는 경우가 많고 피부에 흉이 남게 되는 경우가 많다. 그러므로 꼭 파란색 또는 녹색 잉크를 지울 경우 755 nm나 694 nm 아니면 730 nm, 780 nm 파장의 레이저를 사용하는 것이 좋다.

흑색 문신과 달리 컬러 문신제거 뒤에는 피부에 열 손상이 많아 물집이 훨씬 많이 생기게 된다. 반드시 문신제거 뒤에는 흑백 문신의 2배 이상 얼음 팩을 해드리는 것을 추천하며 부위가 넓을 경우에는 항생제 처방도 함께 할 것을 추천한다.

⊙ Case

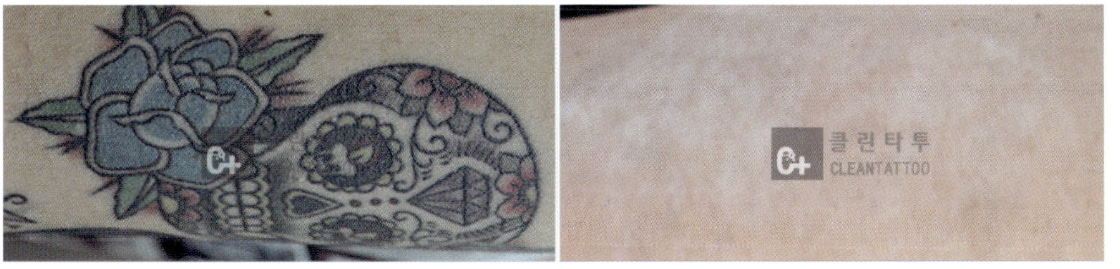

Before　　　　　After

그림 4 붉은색, 초록색 혼합 문신제거 전후

Case 7. 컬러 문신제거 치료 과정 및 사진

사례 1

시술 전

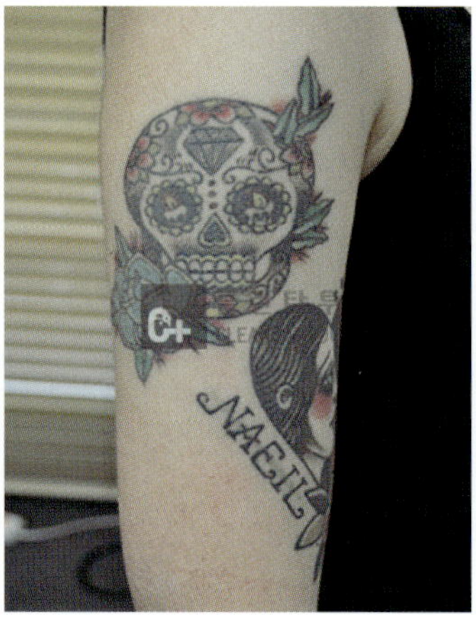

1차 시술 후

2차 시술 후

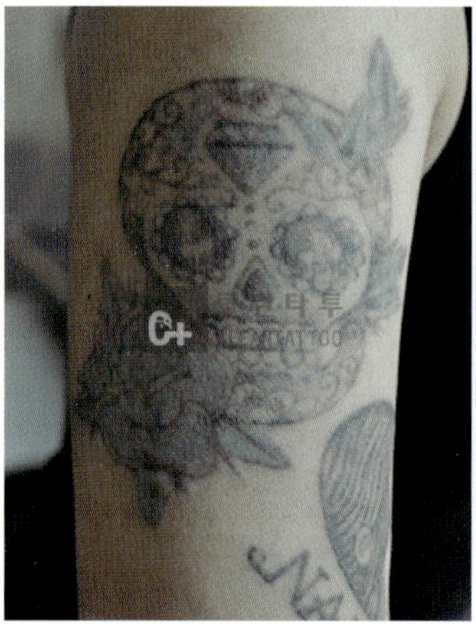

3차 시술 후

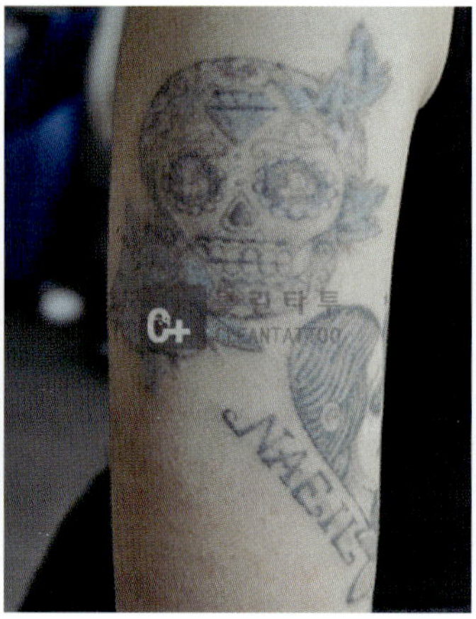

4차 시술 후

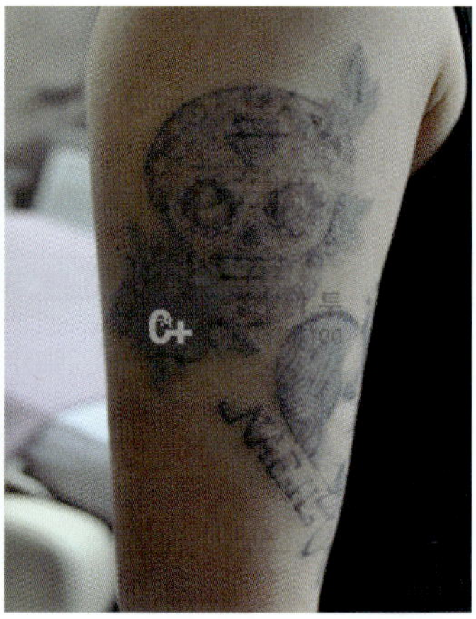

5차 시술 후

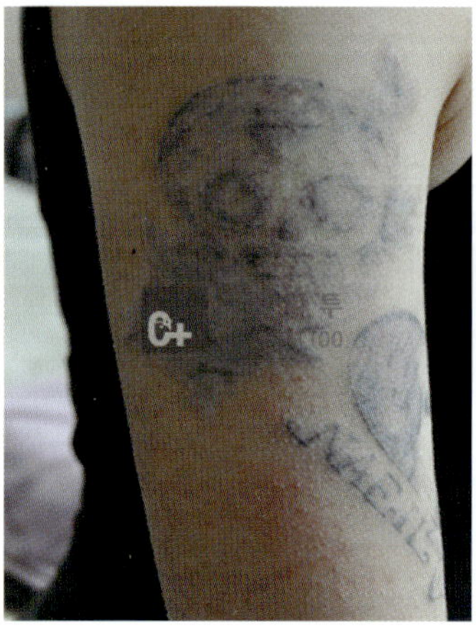

6차 시술 후

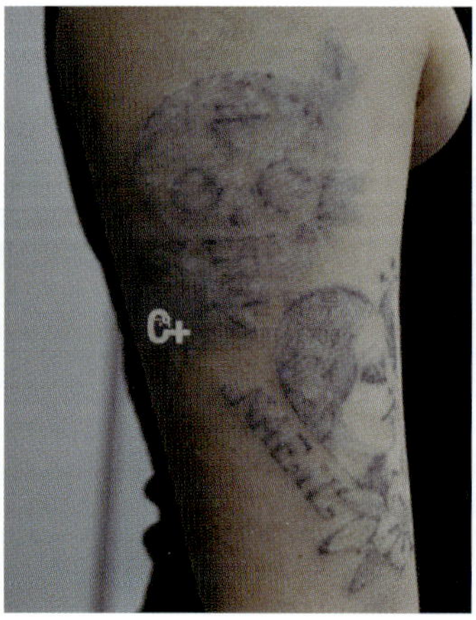

7차 시술 후

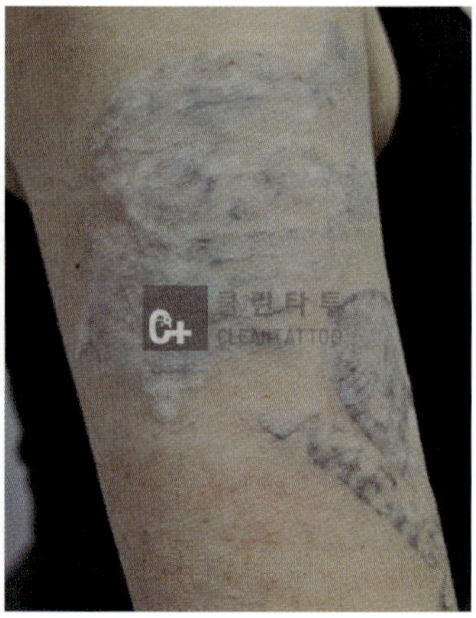

8차 시술 후

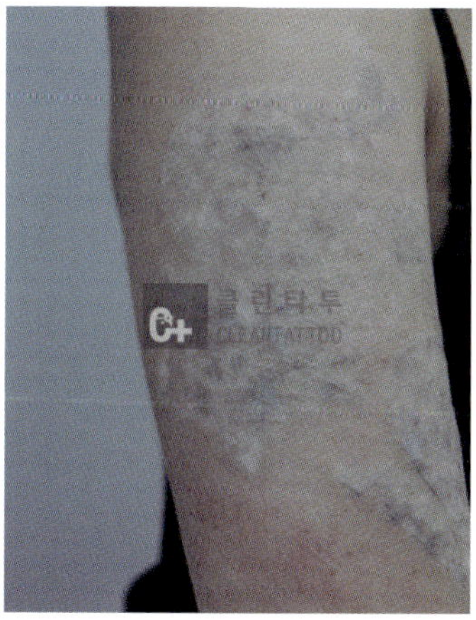
9차 시술 후

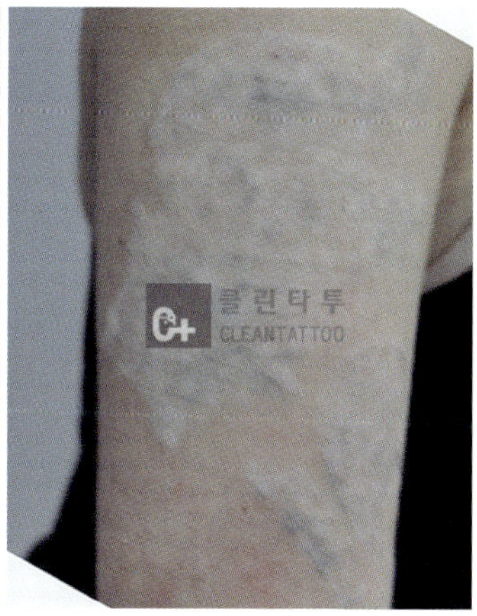
10차 시술 후

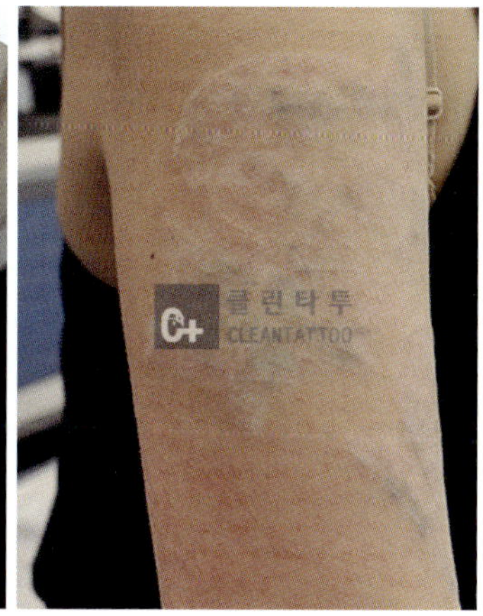
11차 시술 후

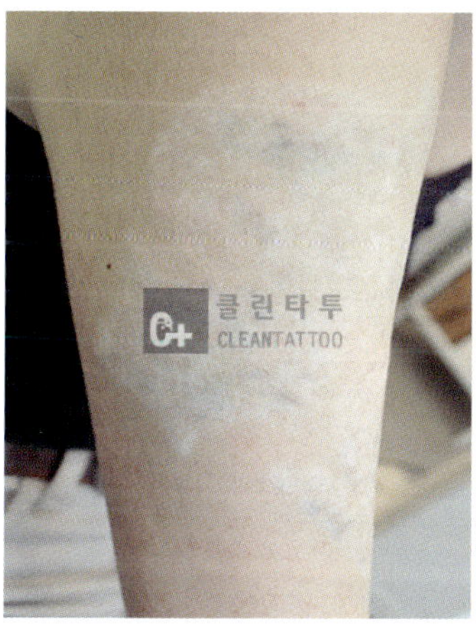
12차 시술 후

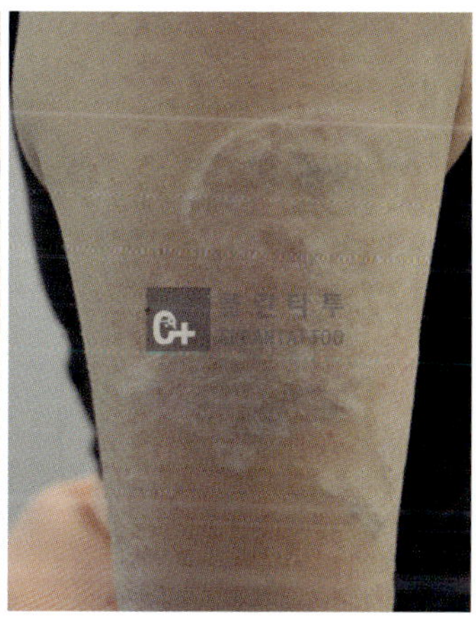
13차 시술 후

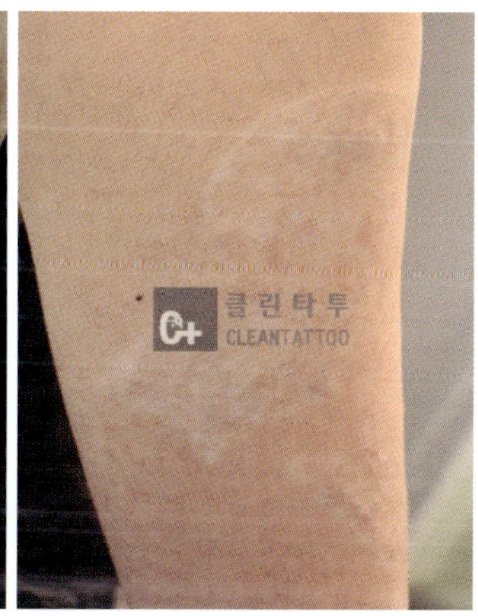
14차 시술 후

15차 시술 후

컬러 시술 사진 설명

녹색, 검은색, 붉은색, 파란색 등 여러 가지 색이 촘촘히 뭉쳐 있는 문신이다. 경험상 지우기 가장 어려운 문신에 속한다.

컬러잉크에 1,064 nm 레이저를 조사하면 잉크가 가루로 변하는 것이 아니라 마치 엿처럼 서로 엉기는 느낌을 받는다. 이런 문신을 제거할 때는 사진을 찍은 뒤 컬러 프린트해서 매번 문신을 지울 때마다 보면서 문신을 지운다.

처음부터 모든 색소를 다 지우려고 여러 가지 파장의 레이저를 조사하면 물집이 너무 커지므로 본원에서는 초기 3-5회 정도는 흑색 문신만 6주 간격으로 지운 뒤에 검은색 문신이 어느 정도 흐려지면 755 nm나 532 nm 파장을 이용해 컬러 문신을 지운다.

사람에 따라서 755 nm나 532 nm 파장을 쏜 뒤 물집이 너무 커지는 경우가 있는데 이럴 경우 CO_2 fractional laser를 이용해서 bullae을 터트려 주고 항생제를 1주 정도 처방해 준다.

흑백 문신과 마찬가지로 파워를 처음에는 약하게 시술하고 색소가 흐려짐에 따라서 점점 파워를 올려준다.

본원에서는 컬러문신제거 시(파랑, 녹색) picosure pro 4.0 mm, 1.3 J 전후로 시술을 시작하며 6주에서 2달 간격으로 내원해서 치료할 때마다 시술 파워를 조금씩 올려준다.

컬러문신제거 시술 후 물집이 너무 크면 병원에 방문하라 하여 깨끗이 소독 후 closed dressing 해서 보내주며 금주를 꼭 하셔야 한다고 설명하고 항생제 복용도 권유해 준다.

컬러 문신은 10-15회 정도 시술하여야 어느 정도 깨끗이 지워지고 이 사례처럼 복잡한 경우에는 20차를 넘겨 시술하는 경우도 있다.

컬러 문신제거 시 가장 조심하여야 할 것은 hypopigmentation이며 특히 532 nm 파장이 멜라닌 흡수율이 가장 높아 조심하여 시술하여야 한다.

빨리 지우려는 욕심으로 파워를 올려 시술하면 거의 대부분 저색소증이 생기게 된다.

본원에서는 532 nm 파장 사용시 보통 picoway 4 mm 0.5~0.6 J로 시작하며 올 때마다 파워를 올려 5회 이후부터는 0.8~0.9 J까지도 사용하는데 그 이상은 올리지 않는다.

사례 2

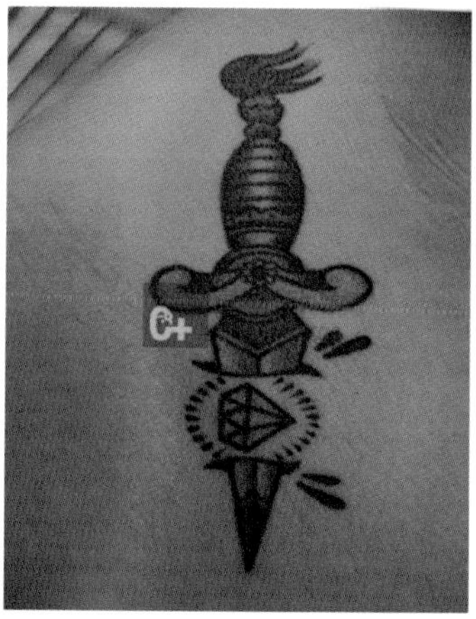
시술 전

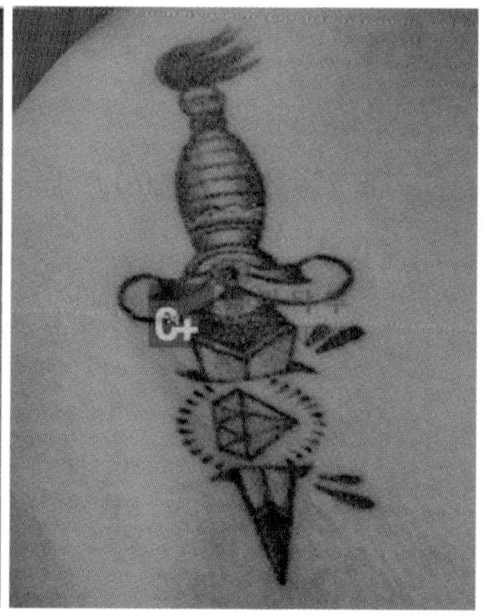
1차 시술 후

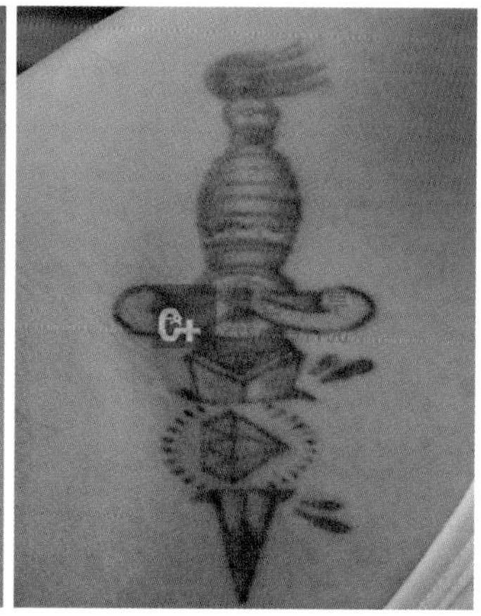
2차 시술 후

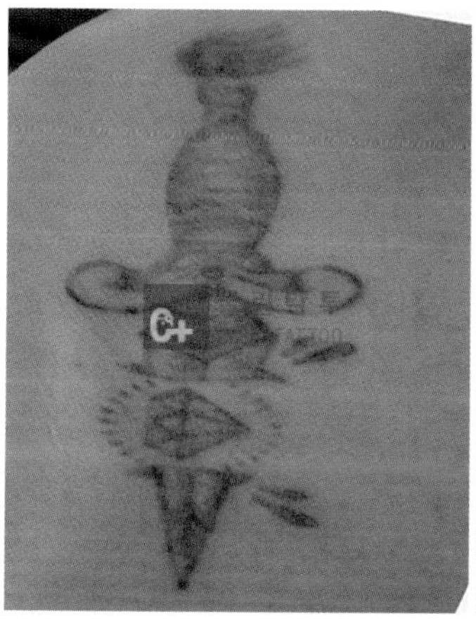
3차 시술 후

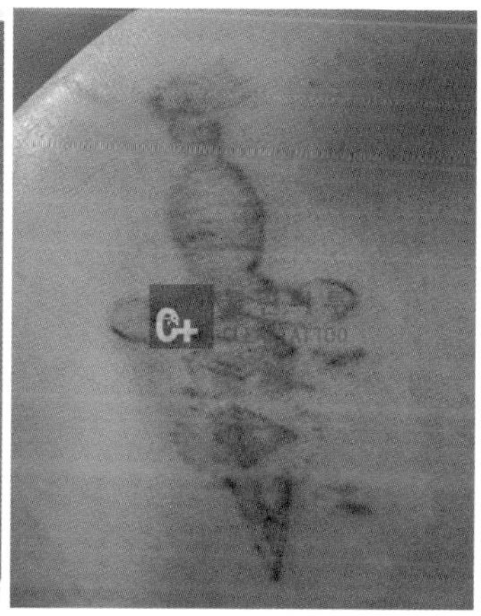
4차 시술 후

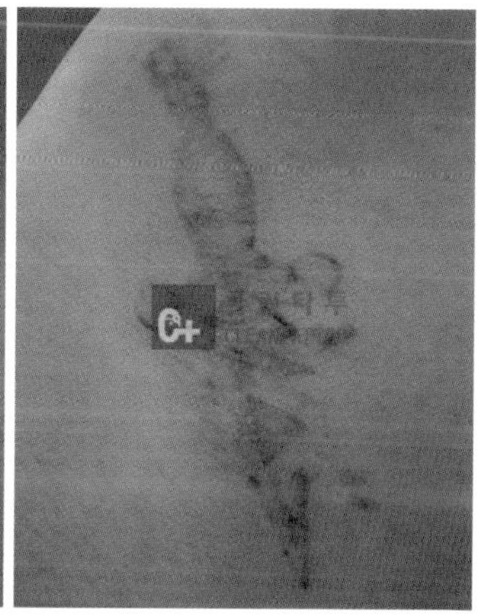
5차 시술 후

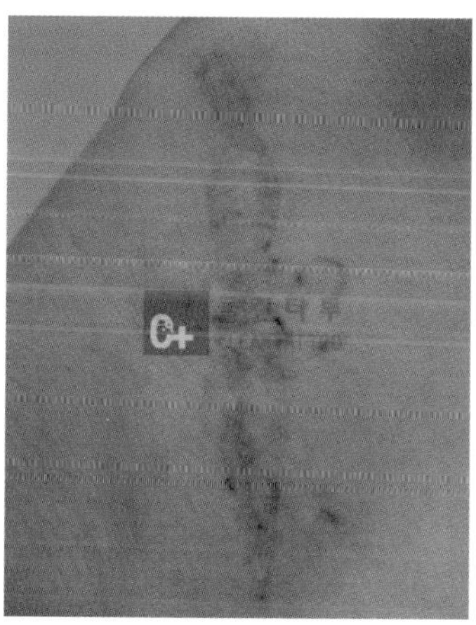
6차 시술 후

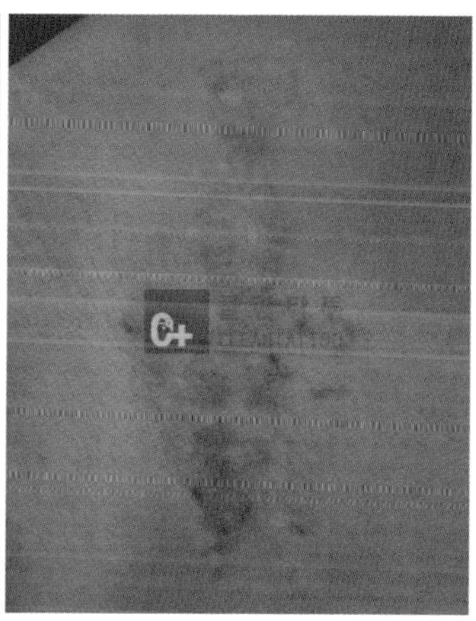
7차 시술 후

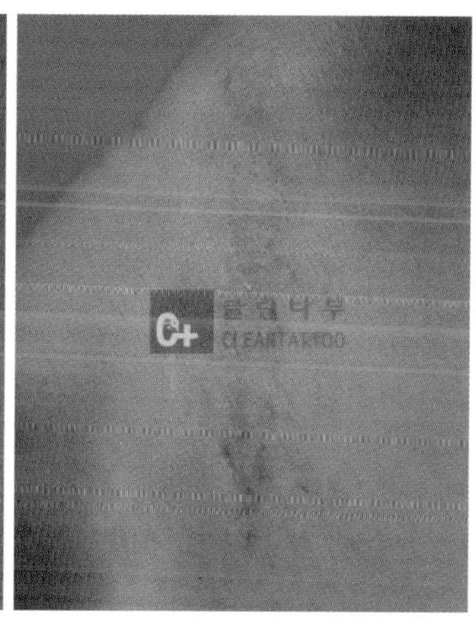
8차 시술 후

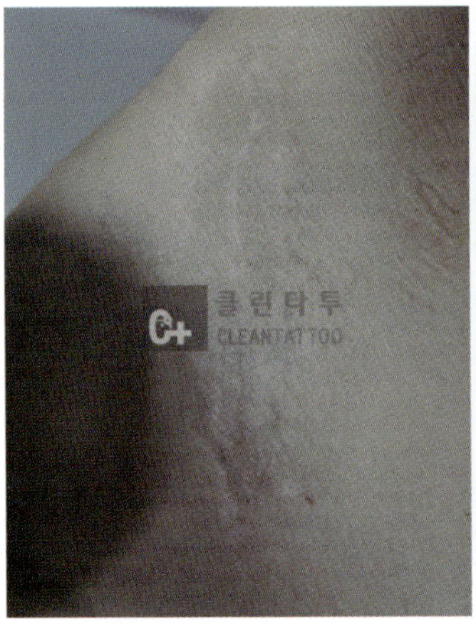
9차 시술 후

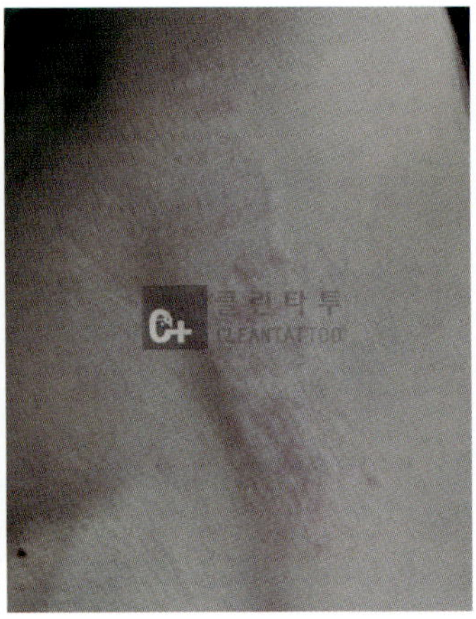
10차 시술 후

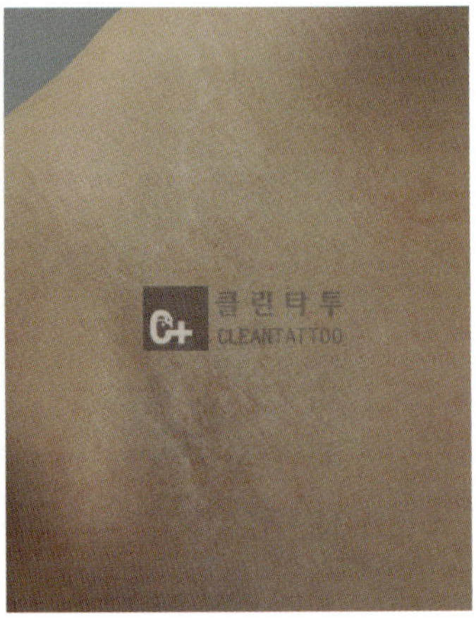
11차 시술 후

12차 시술 후

사례 3

시술 전

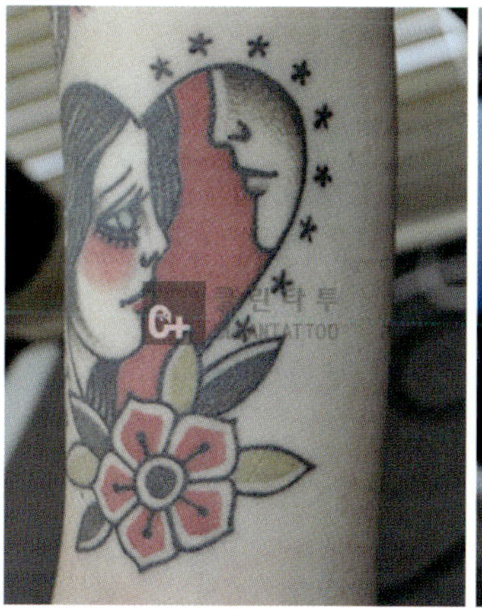

1차 시술 후

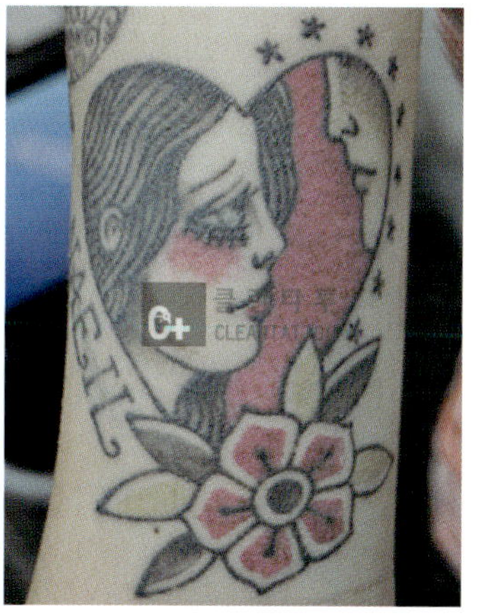

2차 시술 후

3차 시술 후

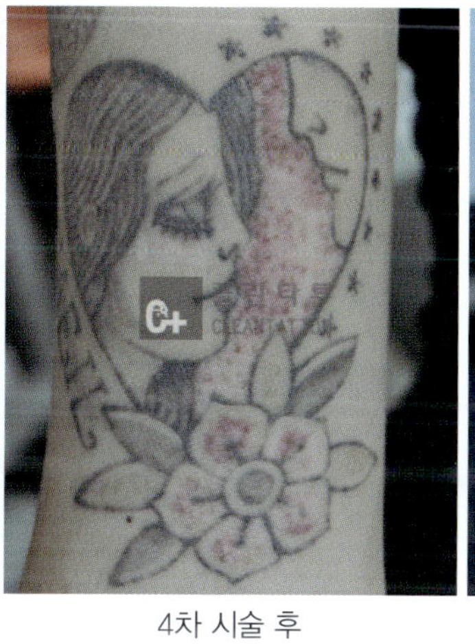

4차 시술 후

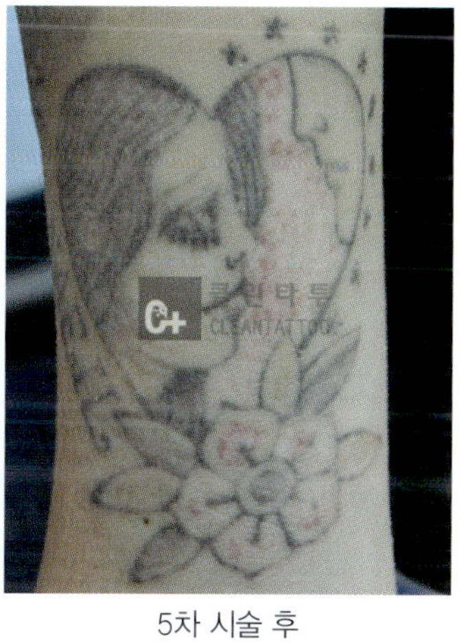

5차 시술 후

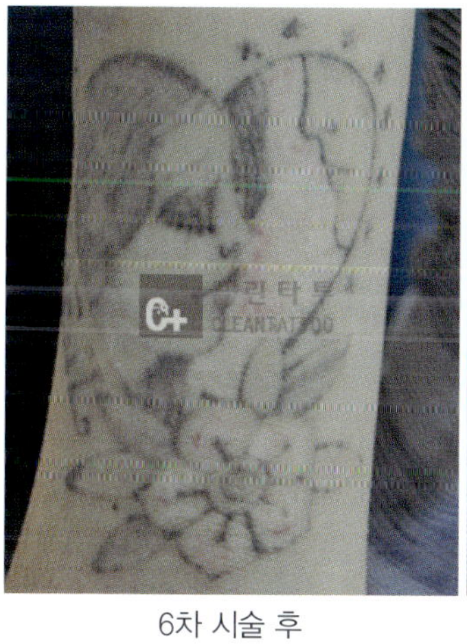

6차 시술 후

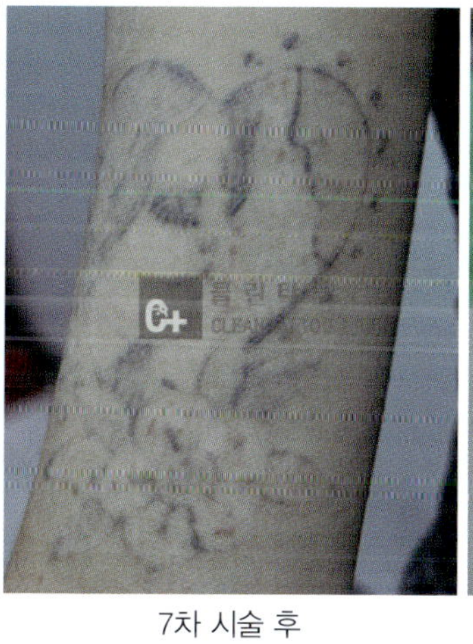

7차 시술 후

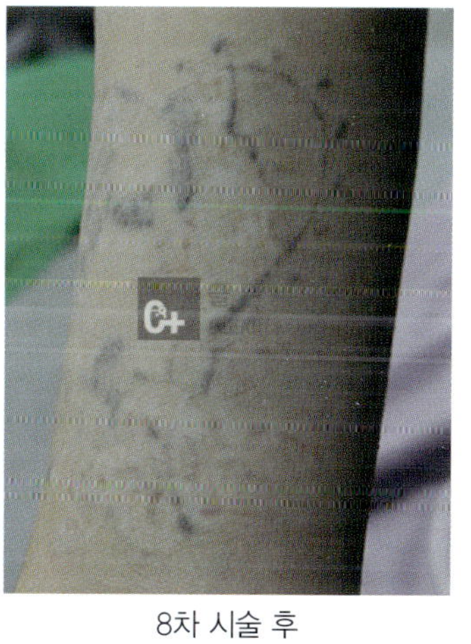

8차 시술 후

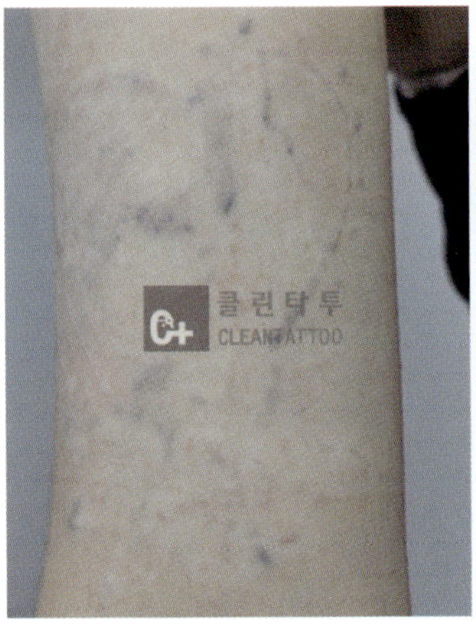

9차 시술 후

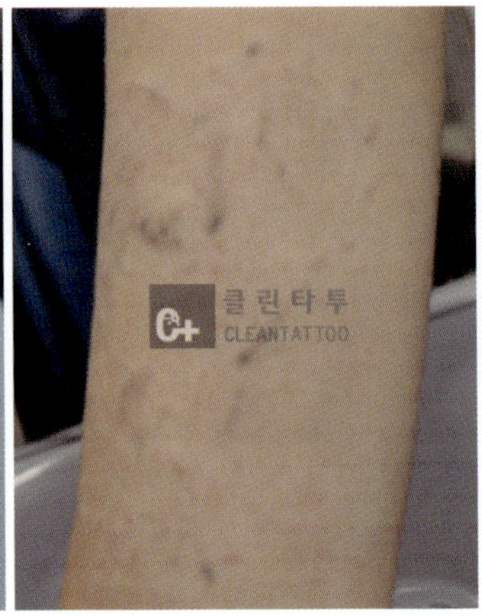

10차 시술 후

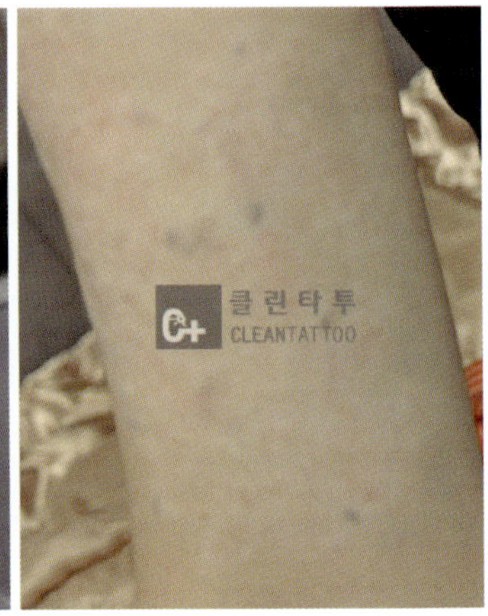

11차 시술 후

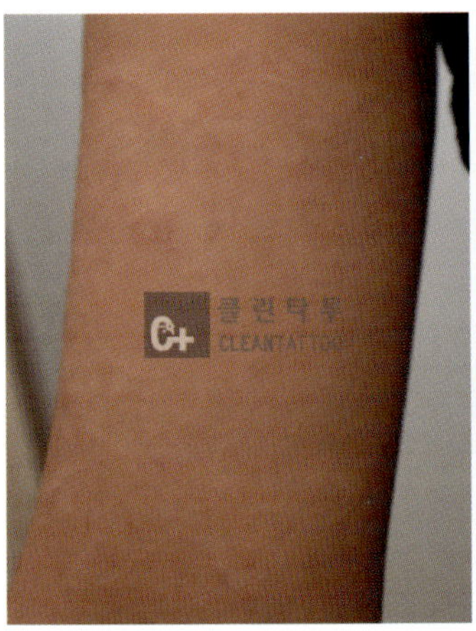

12차 시술 후

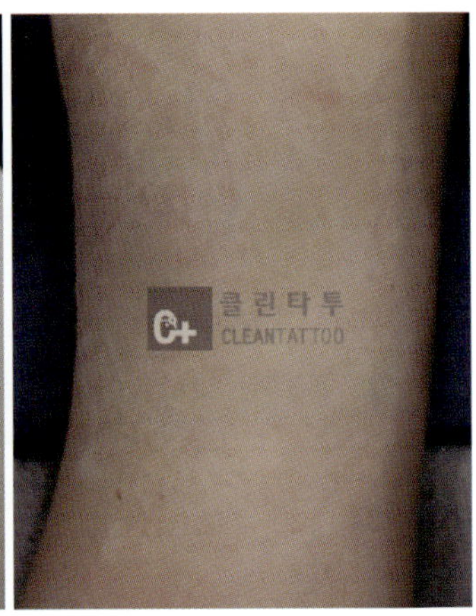

13차 시술 후

사례 4

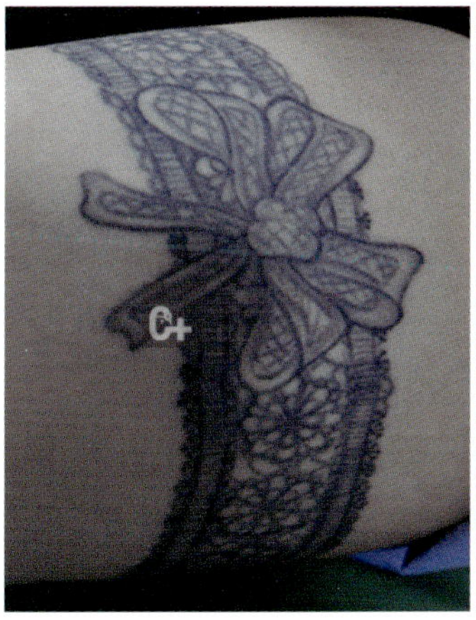

시술 전

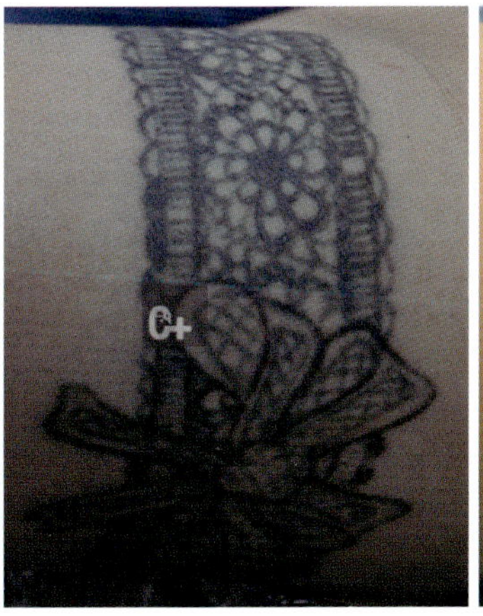

1차 시술 후

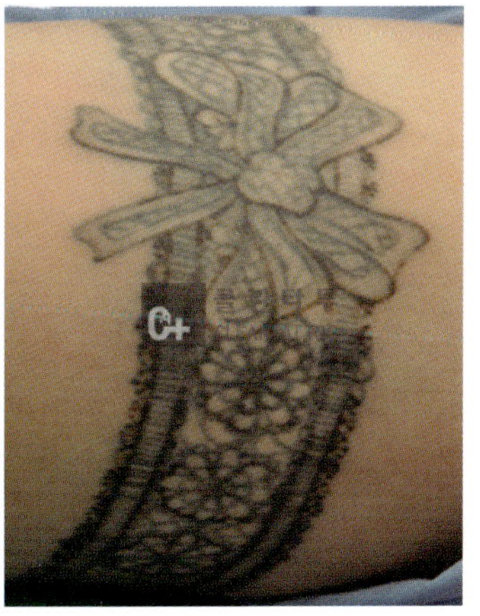

2차 시술 후

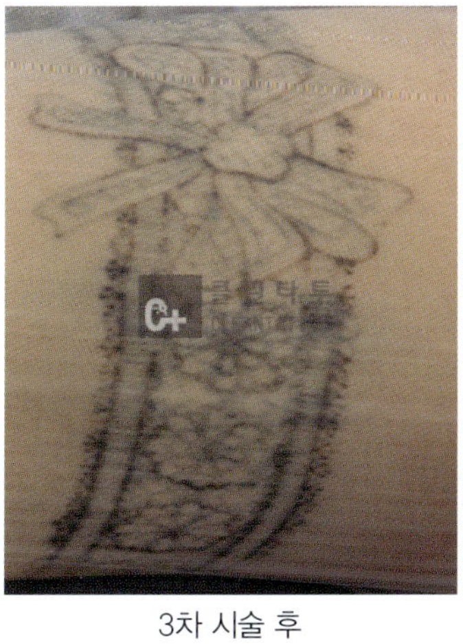

3차 시술 후

4차 시술 후

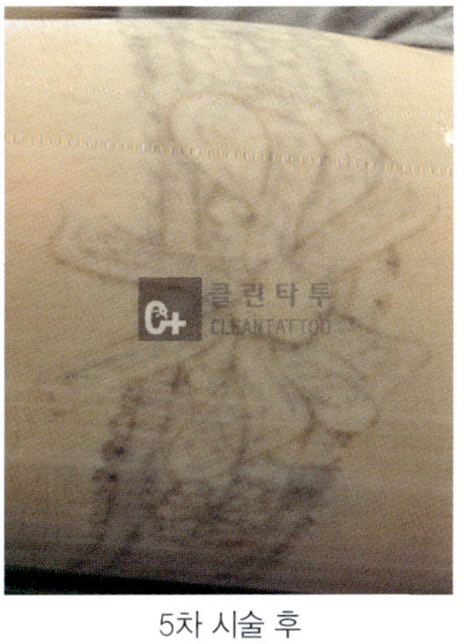

5차 시술 후

6차 시술 후

7차 시술 후

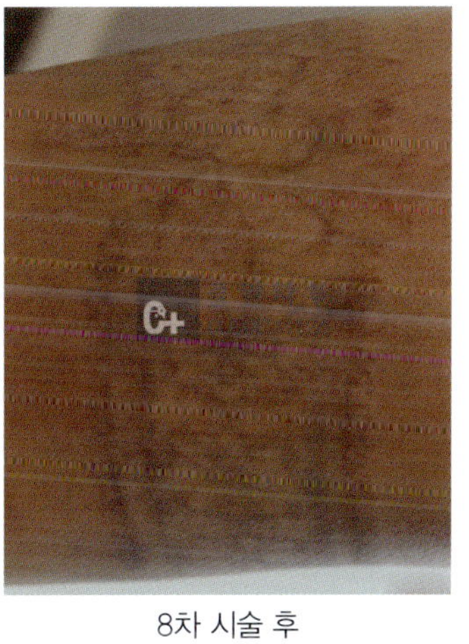

8차 시술 후

9차 시술 후

10차 시술 후

11차 시술 후

12차 시술 후

사례 5

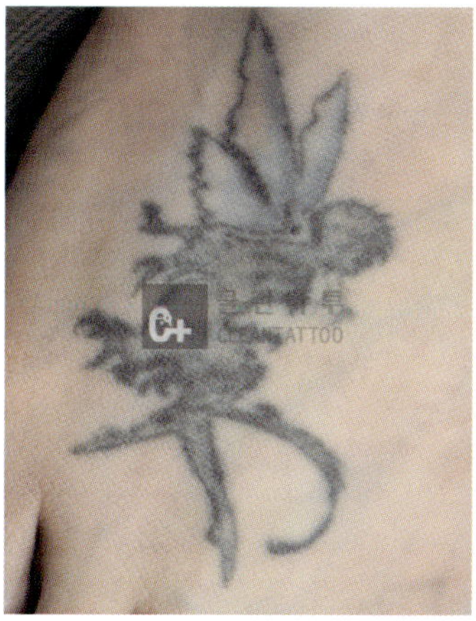

시술 전

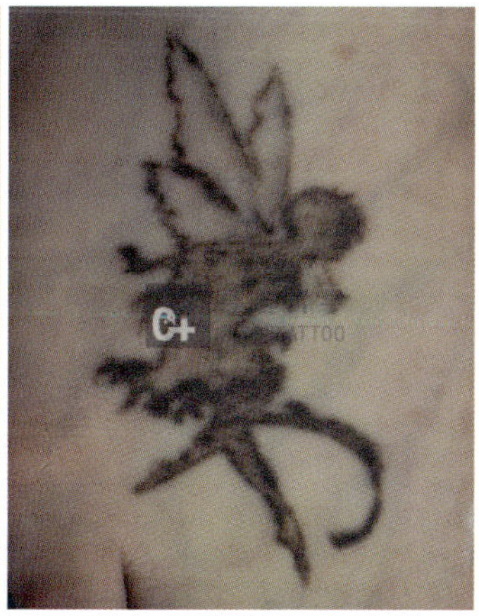

1차 시술 후

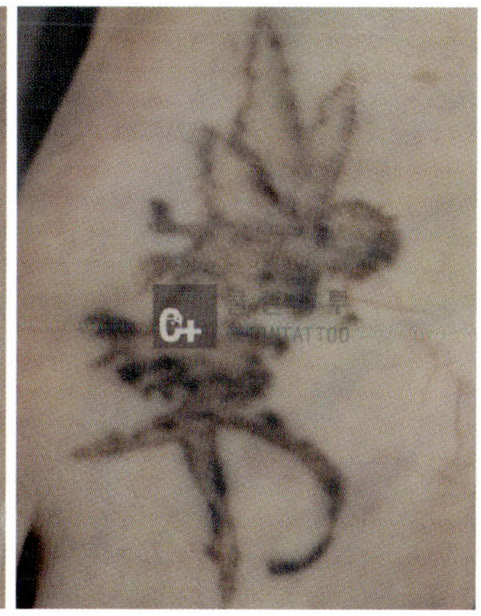

2차 시술 후

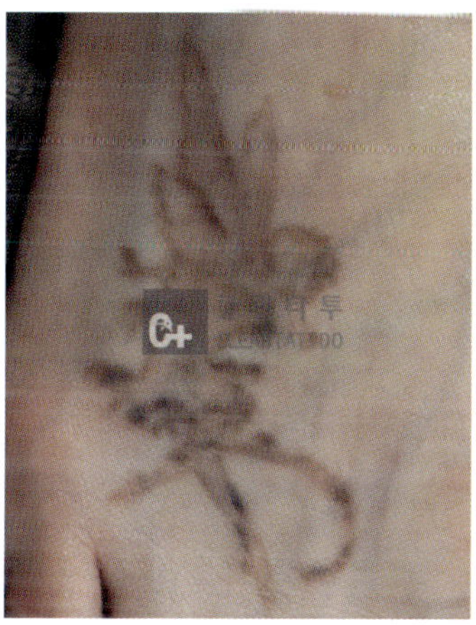

3차 시술 후

4차 시술 후

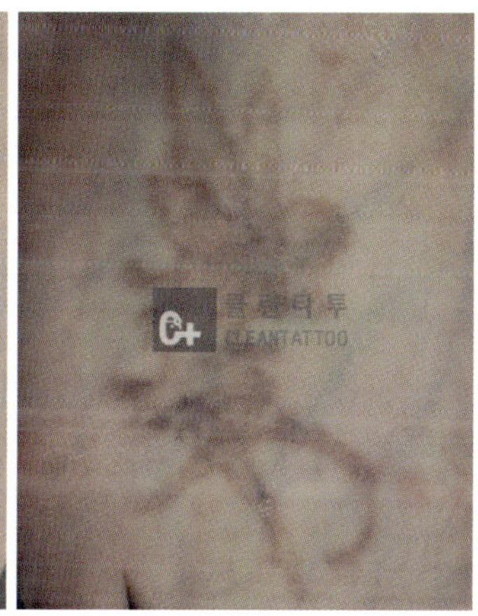

5차 시술 후

6차 시술 후

7차 시술 후

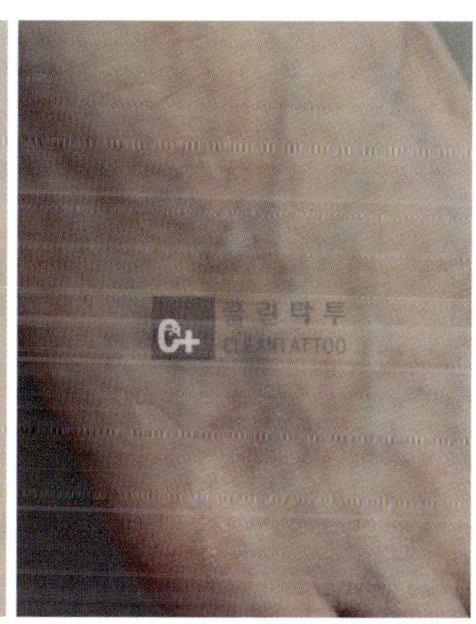

8차 시술 후

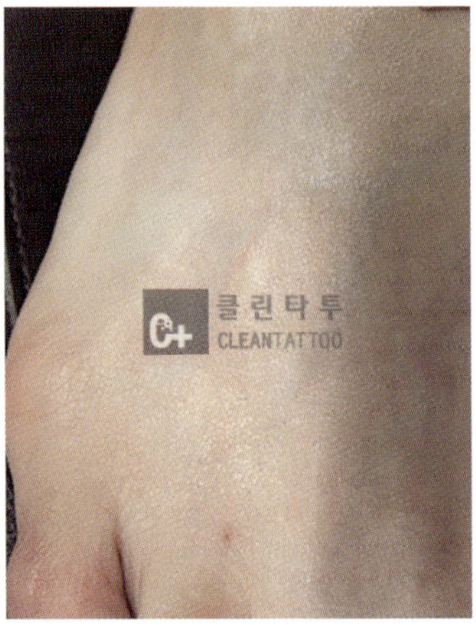

9차 시술 후

사례 6

시술 전

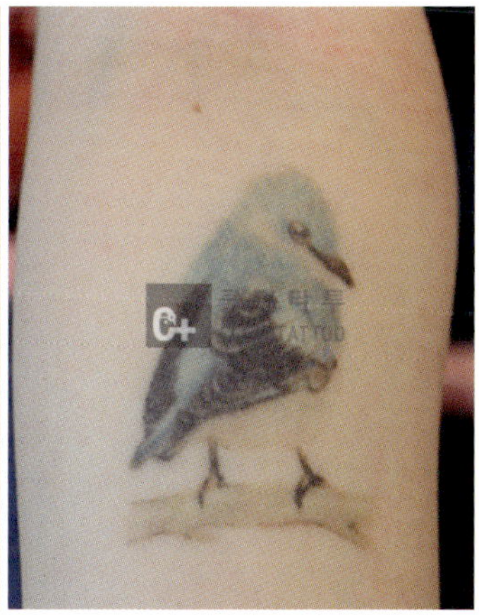

1차 시술 후

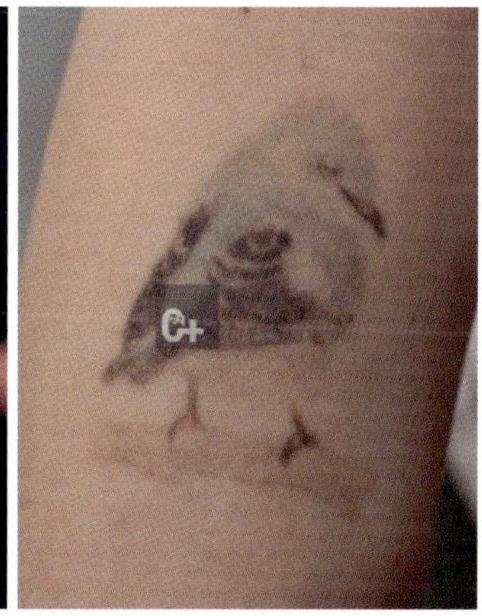

2차 시술 후

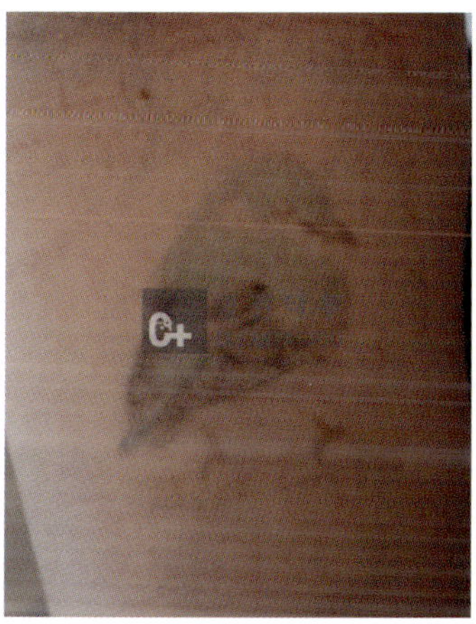

3차 시술 후

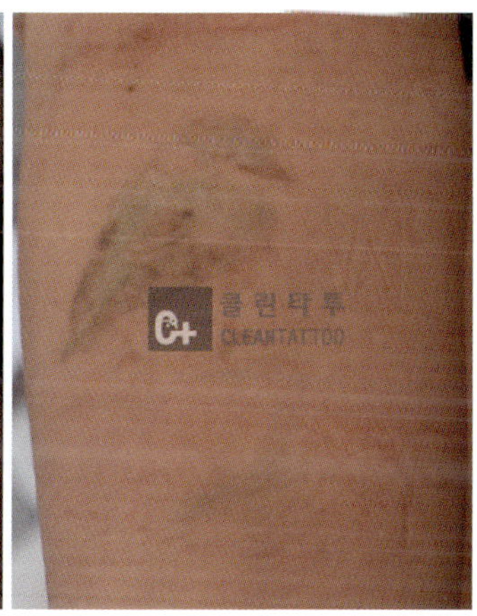

4차 시술 후

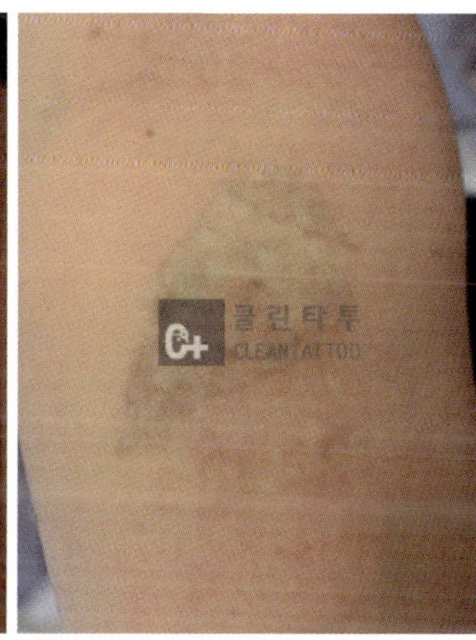

5차 시술 후

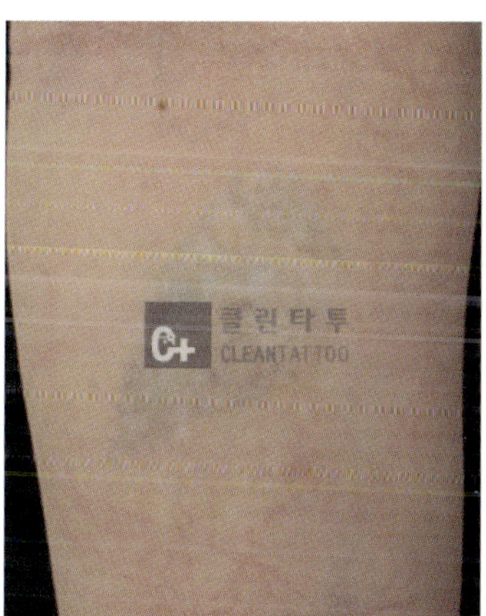

6차 시술 후

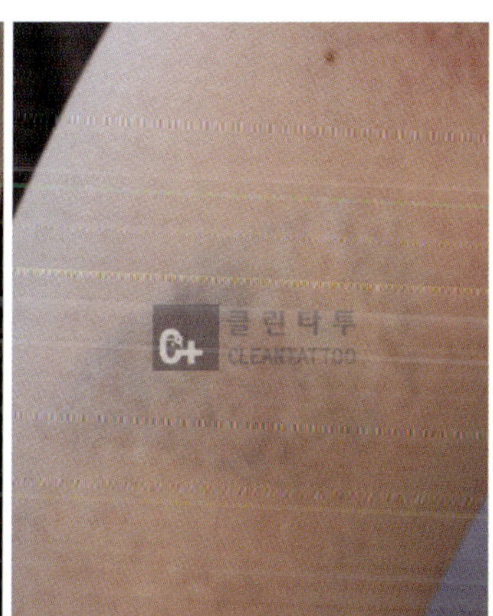

7차 시술 후

8차 시술 후

9차 시술 후

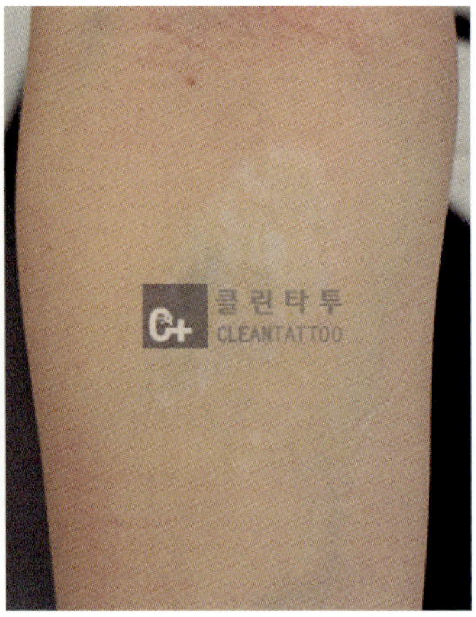

10차 시술 후

사례 7

시술 전

1차 시술 후

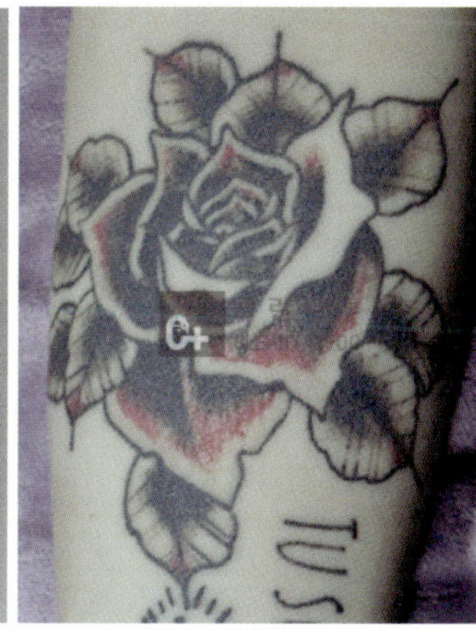

2차 시술 후

3차 시술 후

4차 시술 후

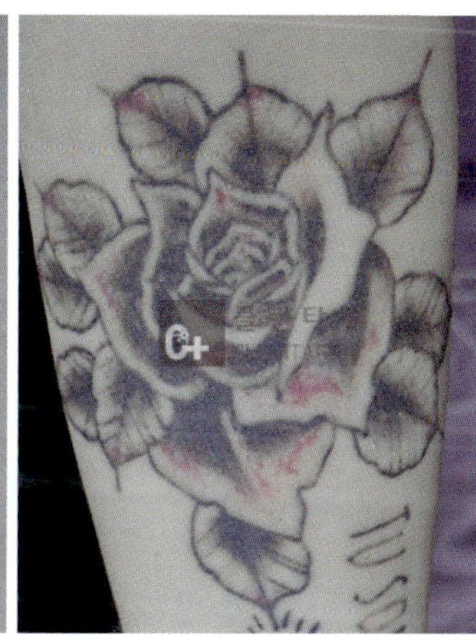

5차 시술 후

6차 시술 후

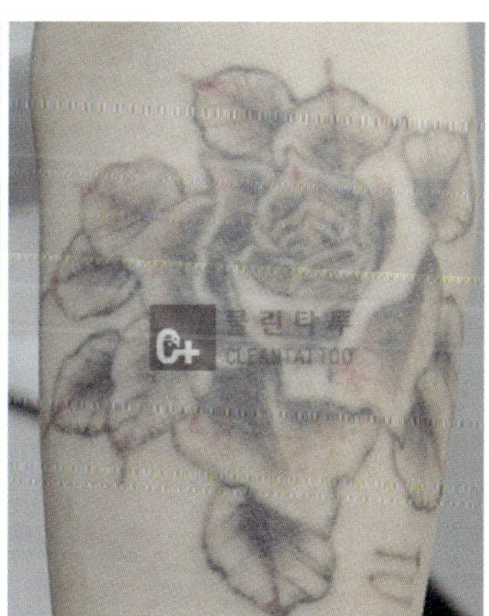

7차 시술 후

8차 시술 후

9차 시술 후

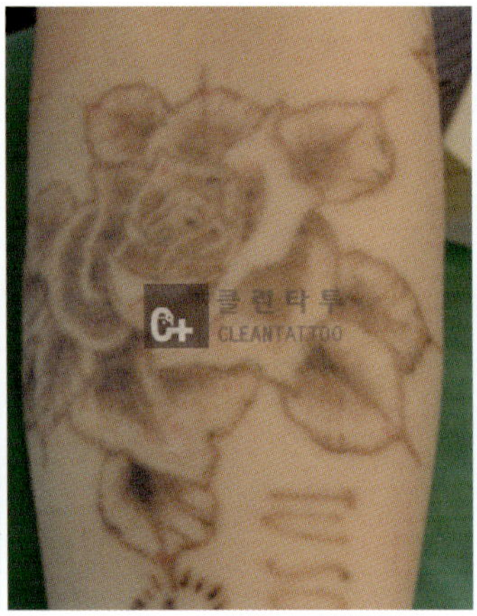

10차 시술 후

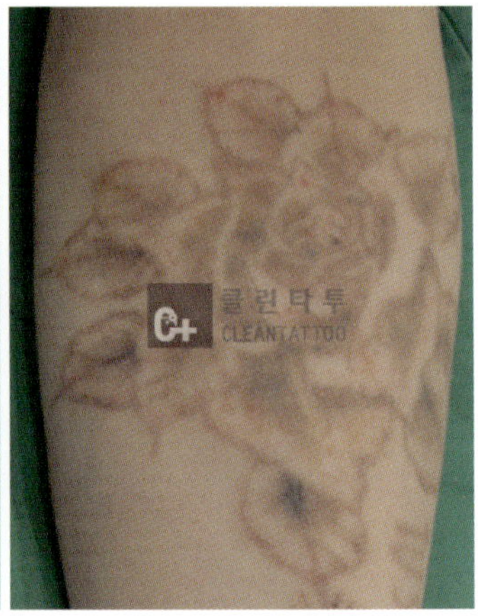

11차 시술 후

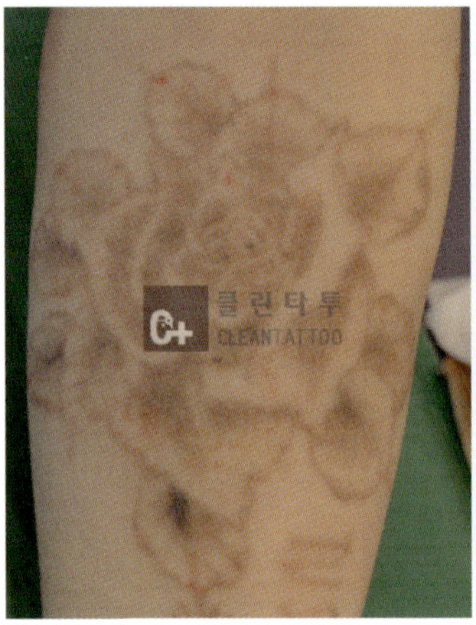

12차 시술 후

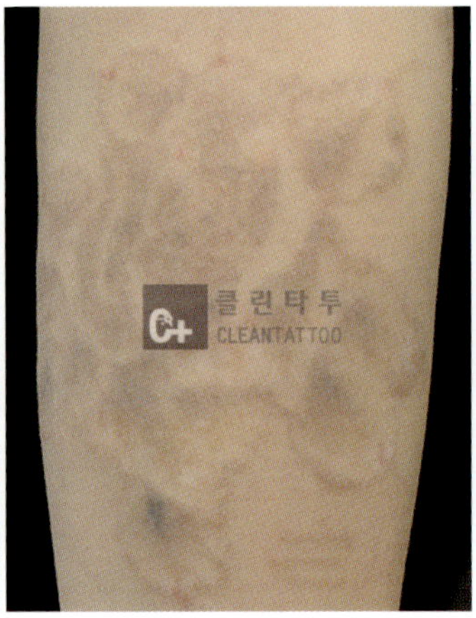

13차 시술 후

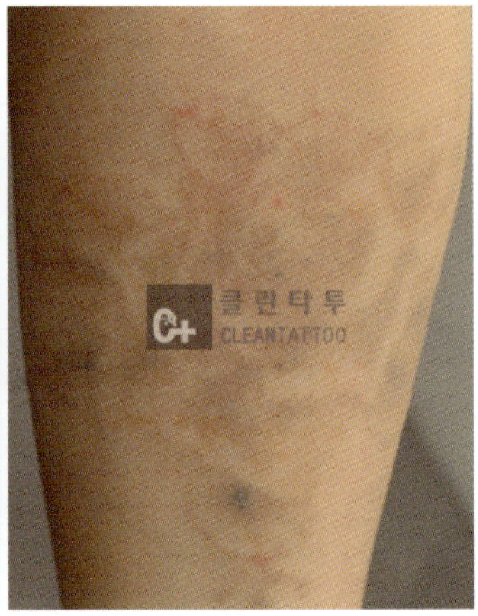

14차 시술 후

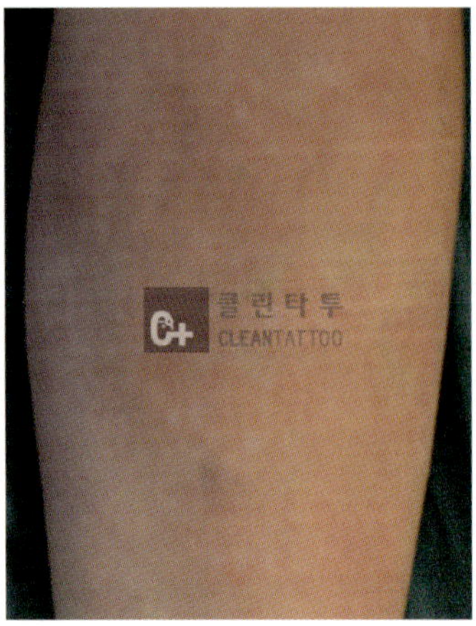

15차 시술 후

11 피코레이저 치료 시 주의할 점

가장 조심해야 할 것은 피부가 검은 분에게 레이저 시술할 때 에너지가 과하면 PIH가 발생하는 것이다.

토닝 시술을 할 경우에도 피부가 검은 경우에는 파워를 낮추는 것이 좋다.

PIH (post imflammatory hyperpigmentation)의 경우 melanosome의 흡수율에 비례해서 나타나게 되는데 532 nm 파장이 가장 많이 나타나고 694 nm, 755 nm, 1,054 nm 순으로 나타나게 된다(p9. 그림 3 참조). 그러므로 짧은 파장의 레이저를 쓸 때 환자분 피부가 검은 편이라면 한두 번 더 시술한다는 생각으로 파워를 낮추어 시술하는 것이 좋다. 만약 PIH가 생겼다면 일단은 스테로이드 연고를 처방한 다음 자외선 방지 크림을 잘 바르게 하며 follow up 하는 것이 가장 좋은 방법이다.

환자의 complaint가 심한 경우 레이저 토닝을 약하게 해주는 경우도 있는데 경험상 약 2달 정도는 자극 없이 레이저 시술을 하지 않는 것이 더 경과가 좋은 것 같다. 환자 complaint가 너무 심한 경우 저출력 재생 레이저를 쐬어주거나 스테로이드 연고와 섞어서 소량으로 멜라논크림 등을 처방해 주어도 된다. 멜라논크림은 tyrosinase blocker이지만 피부에 자극이 되어 색소가 더 올라올 수도 있으므로 극소량을 하루에서 일주일 사이 간격으로 자기 전에만 바르라고 하는 것이 좋고 피부가 뒤집어지거나 각질이 많이 일어날 경우 용량이 과하거나 바르는 간격이 너무 짧은 것이니 환자에게 충분히 설명해 주도록 한다.

착색이 심하여 레이저 토닝 시술을 하게 된다면 착색을 만든 레이저 시술 후 약 2달 정도 뒤부터 시술하는 것이 좋고 2주 간격으로 오시라고 해서 약하게 시술해 주는 것이 좋다.

1. Hypopigmentation

환자들이 레이저 시술 후 피부가 하얗게 변했다고 말하는 경우가 가끔 있다. 보통 붉은색 문신을 532 nm 파장을 이용해서 치료할 경우 가장 흔하게 나타나고 755 nm 파장에서도 가끔 볼 수 있다. 저색소증이 나타났을 경우 시간이 지나면 대부분 호전되지만 fraxional laser를 시술할 경우 호전된다는 논문이 있다.

이러한 경우 일반적으로는 CO_2 fractional laser를 사용하는데 시술 후 melanocyte 재배치가 이루어지면서 저색소증이 호전된다는 논문이 보고되어 있다.

의사 선생님들이 스테로이드 연고를 처방해 주는 경우를 봤는데 steroid 자체가 tyrosinase inhibitor이기 때문에 오히려 색소 생성을 억제할 수 있어 제 경우에는 추천하지 않는다.

2. Bullae

특히 컬러 문신을 지울 때 파워 조절을 잘하여도 물집이 생겨 다음날 내원하는 경우를 흔히 볼 수 있다.

심한 경우에는 물집이 주먹만 하게 생기기도 한다. 물집이 1 cm 이상일 경우에는 소독 후 터뜨려 주는 것이 좋고 항생제 등을 처방하여 2차 감염이 생기지 않도록 주의하여야 한다.

또한 컬러 문신 치료를 위한 레이저(755 nm, 694 nm 등)가 없을 때 그냥 1,064 nm 파장을 이용해서 강하게 시술하시는 원장님들이 있는데 이 경우에는 가장 문제가 많이 생기는 것 같다. Epidermis부터 피부가 파괴되어 흉이 남을 뿐 아니라 컬러 잉크 자체가 서로 엉겨 붙어 색소가 더 안 지워지게 되고 살이 튀어 오르는 부작용을 경험하게 된다.

컬러 잉크를 지우는 레이저가 없을 경우 눈물을 머금고라도 다른 병원으로 보내는 것이 좋은 선택인 것 같다.

3. Herpes 감염

특히 입술에 붉은색 문신을 제거한 후 종종 발생하기도 하는데 환자분께 피곤할 때 입술 주위에 물집이 종종 생기는지 물어보고 그렇다고 할 경우 zovirax 종류의 약을 처방해 주는 것도 하나의 방법이기도 하다.

4. 염증

모든 레이저 시술 후 표피가 손상되면서 세균 감염 등이 올 수 있다. 환자분들께 시술받은 후, 금주할 것을 반드시 설명하는 것이 좋으며 피부가 붉어지거나 붓고 아프다고 하면 병원에 내원하시라고 안내하는 것이 좋다.

5. 그 외에 주의하여야 할 것

아이라인 반영구 문신을 제거할 경우 1,064 nm 파장이 안구에 맞을 경우 치명적인 사고가 발생할 수 있다. 동공도 검은색이기 때문에 레이저에 크게 반응하여 실명 등을 유발할 수 있으므로 특별한 주의를 요한다.

그림 1 Eye shield

보통 위의 eye shield를 사용하는데 작은 bowel에 생리식염수를 넣은 뒤 고무 흡착기로 눈 보호기를 잡은 뒤 환자분께 눈을 위를 보라고 한 뒤, 눈 아래쪽부터 삽입한다.

눈 보호대를 넣으면서 환자분들이 눈이 잘 안 보인다고 말하는 경우도 있으니 조심해서 시술하여야 한다.

또 흔히 하는 실수 중 하나가 레이저를 조준하지 않은 채 허공에다가 발사하는 경우이다.

Nd-YAG 레이저는 거리가 멀어질수록 일정한 거리까지 spot 사이즈가 작아지면서 레이저 파워가 증가하게 된다.

10 cm 정도 떨어진 상태에서 피부에 맞게 되면 작은 구멍과 함께 피부가 바로 파이게 되니 조심해야 한다.

12 문신제거 전후 사진

문신제거 전후 사진의 마지막 사진은 대부분 마지막 시술 전 사진이다. 문신제거 시술 흔적이 보일 수 있지만 대부분 시간이 지나면 사라지게 된다(마지막 시술을 받으신 후, 대부분의 환자분들이 오시지 않는다).

흑백 문신제거 설명 1

흑백 문신제거 설명 2

흑백 문신제거 설명 3

흑백 문신제거 설명 4

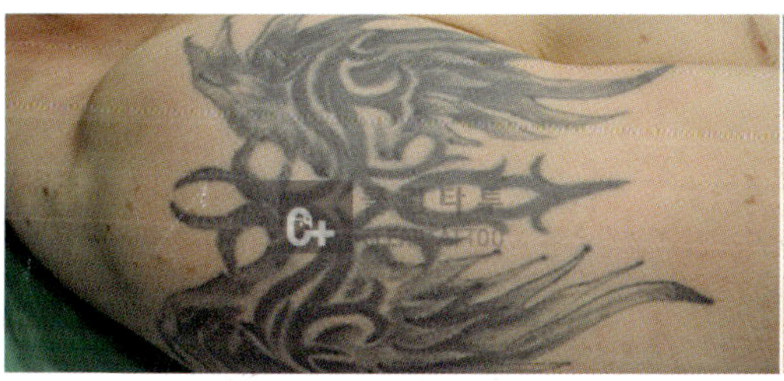

Before

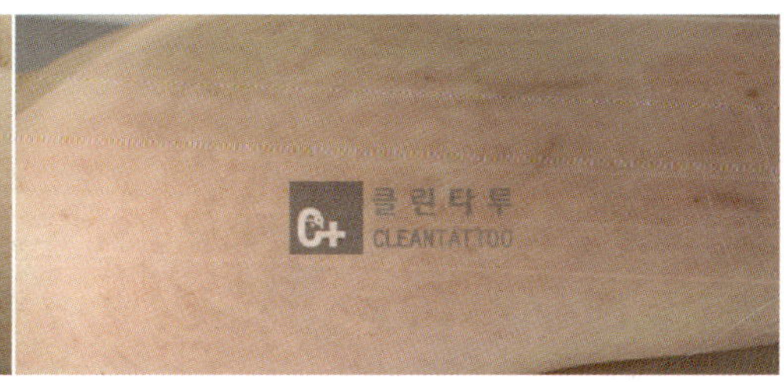

After

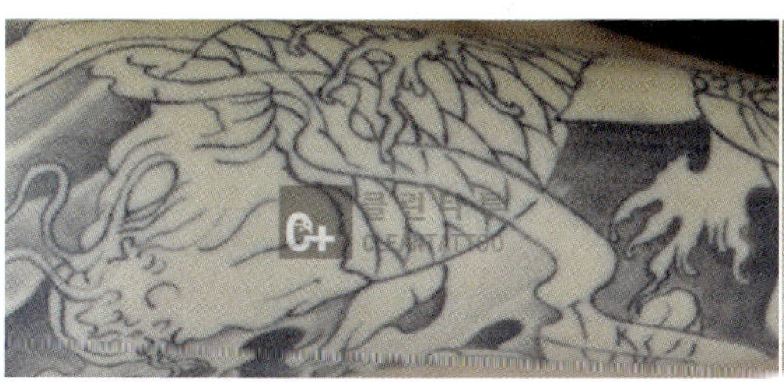

Before

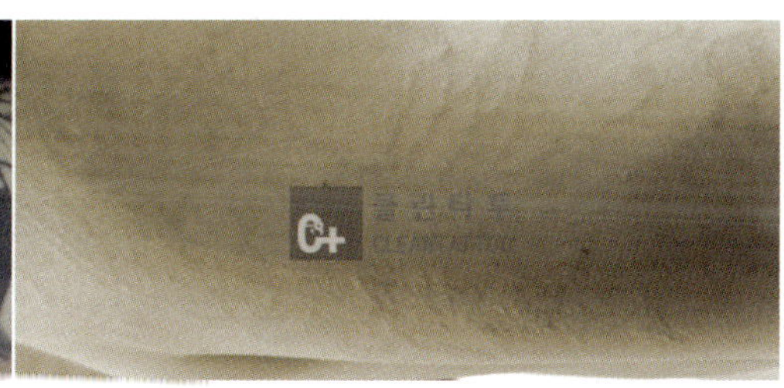

After

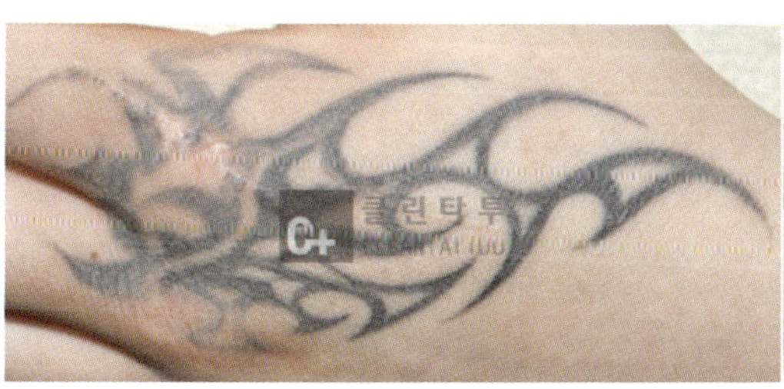

Before

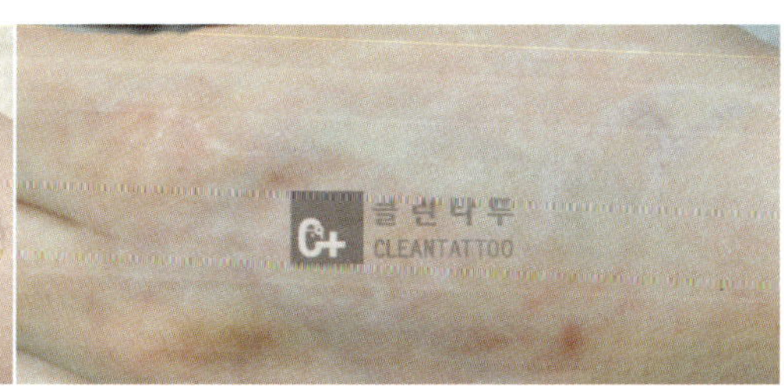

After

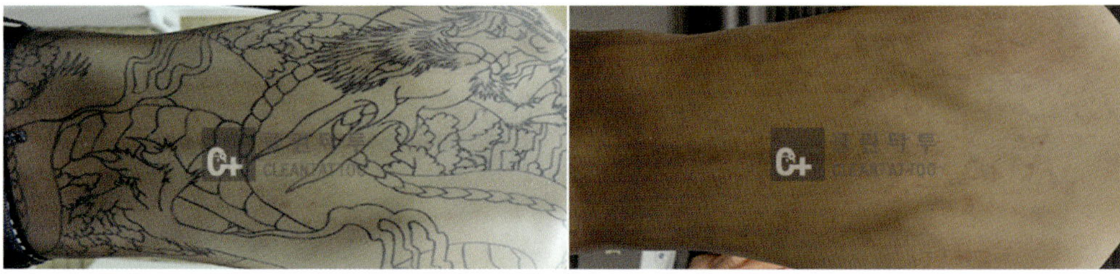

Before　　After

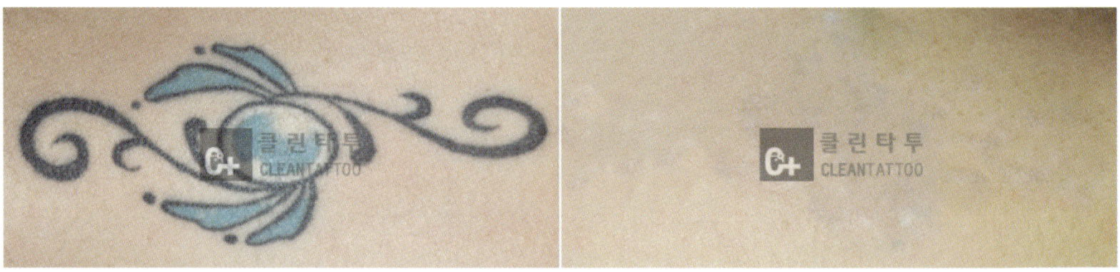

Before　　After

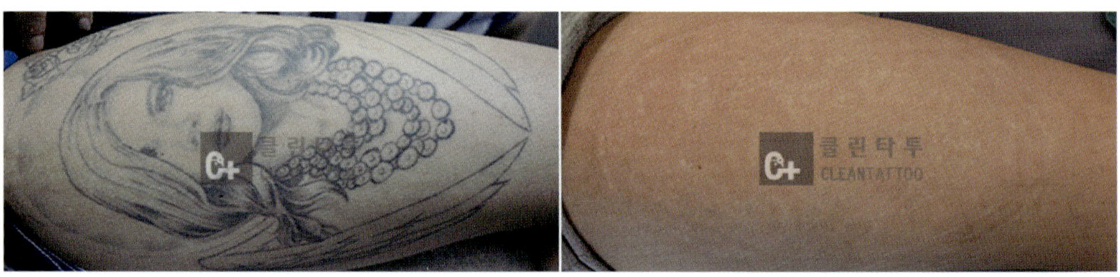

Before　　After

그림 1 문신제거 전후

컬러 문신제거 과정

컬러 문신제거 설명 1

컬러 문신제거 설명 2

흑백 + 컬러문신제거 설명 1

흑백 + 컬러 문신제거 설명 2

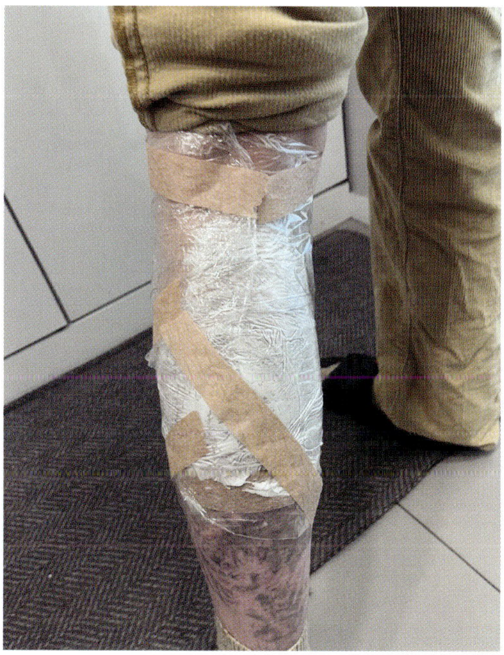

1. 시술 전 마취 크림 30분 도포

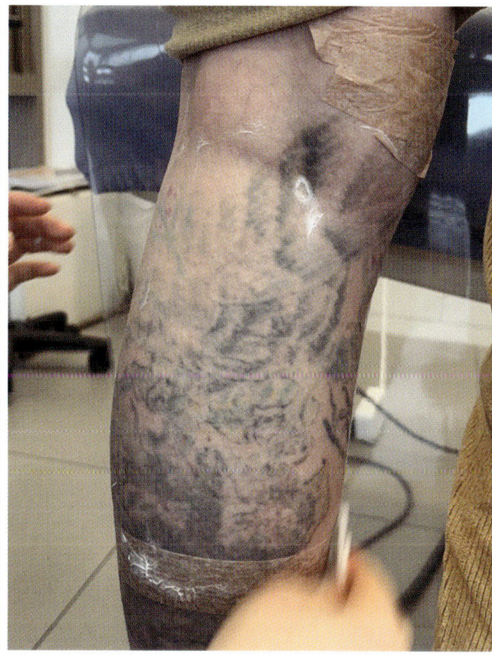

2. 시술 전 마취 크림 제거

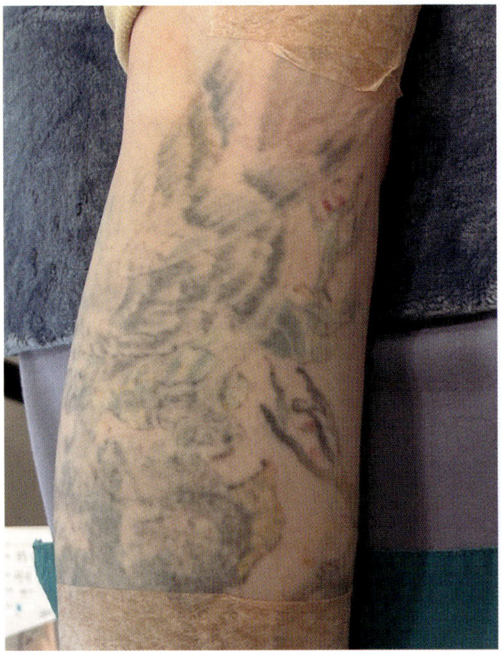

3. 시술 전 사진 촬영

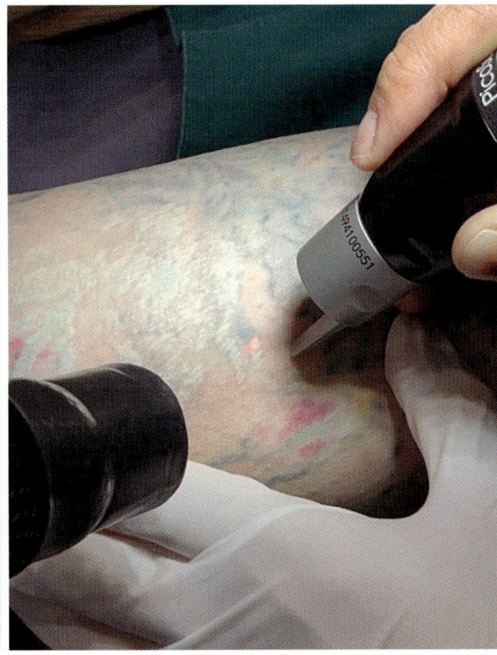

4. 시술 직후 모습

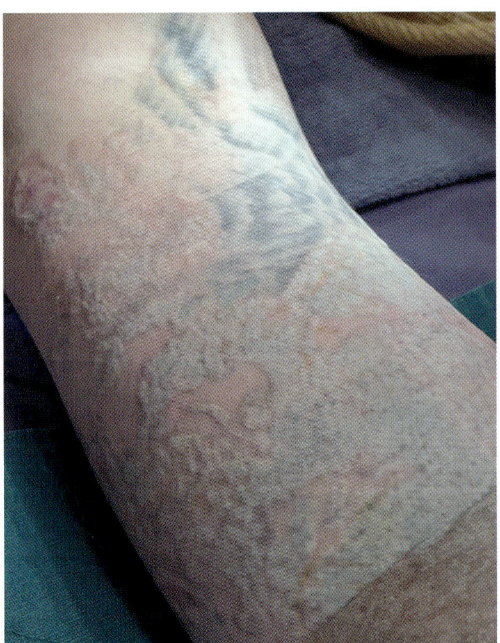

5. 시술 직후 모습

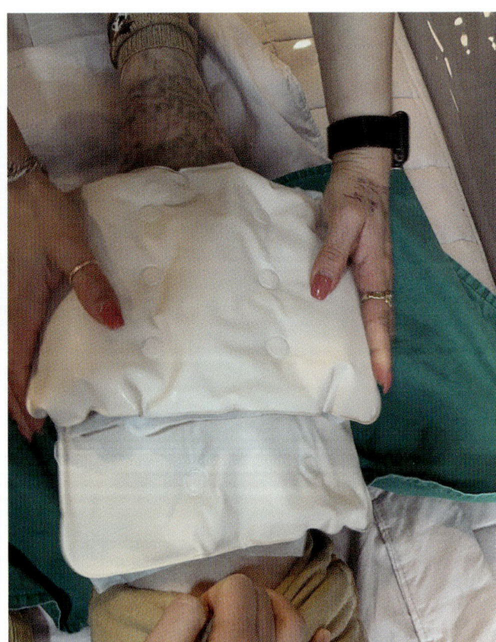

6. 시술 후 아이스 냉찜질(5~10분)

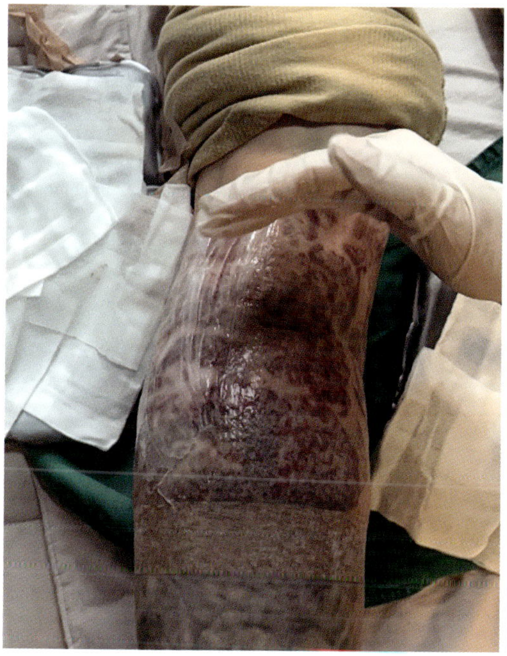

7. 아이스 냉찜질 후 연고 도포

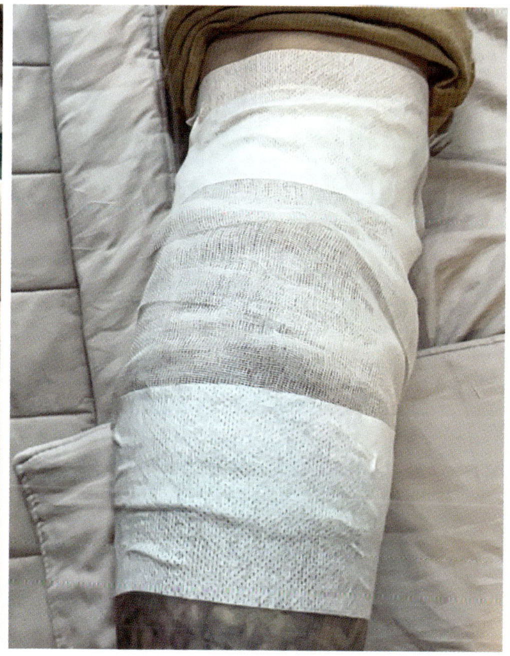

8. 연고 도포 후 마무리 거즈 테잎

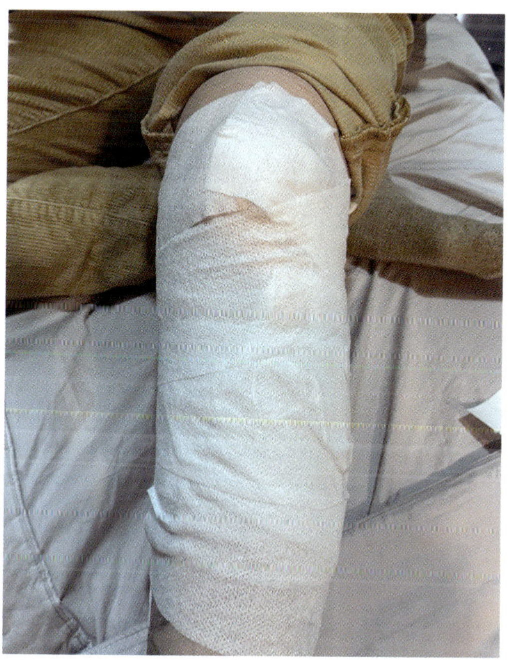

9. 마무리

13 타 병원 치료 중 흉터 발생 치료 사례

타 병원 흉터1

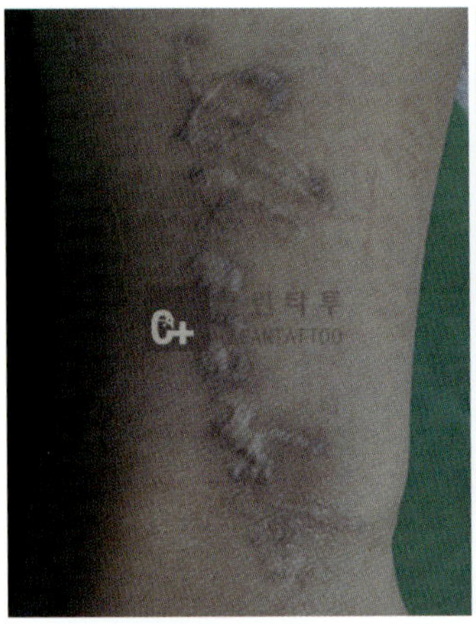
시술 전(타 병원 7회 시술 후)

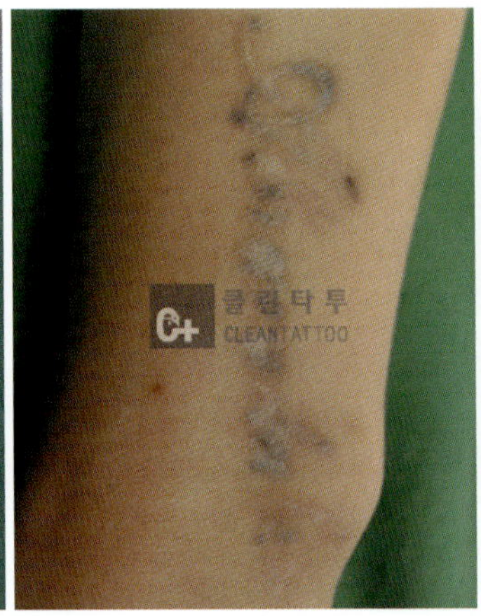
1차 시술 후

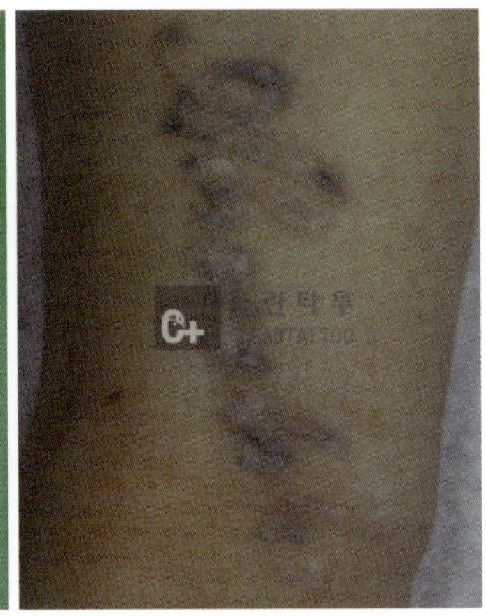
2차 시술 후

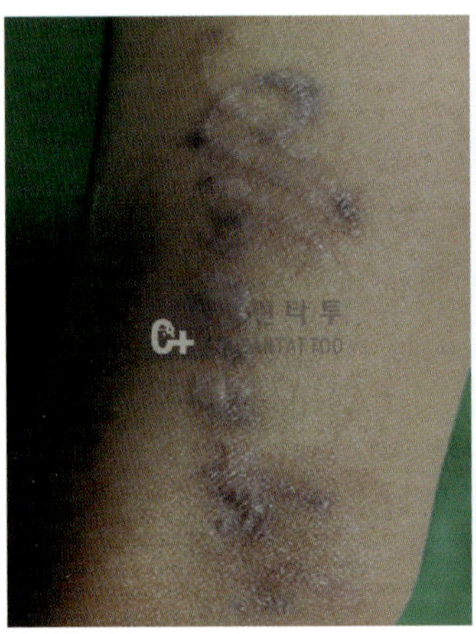
3차 시술 후

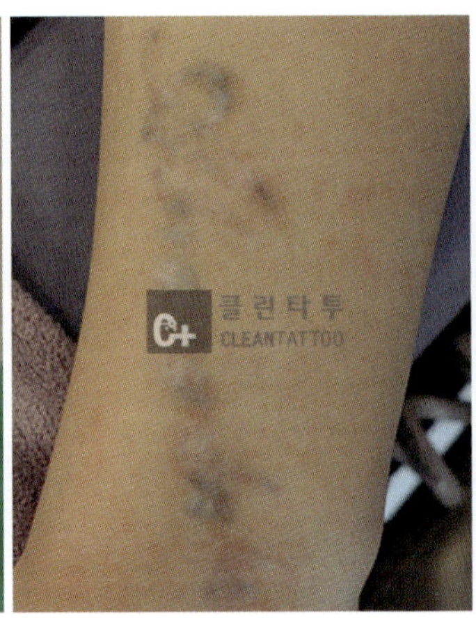
4차 시술 후

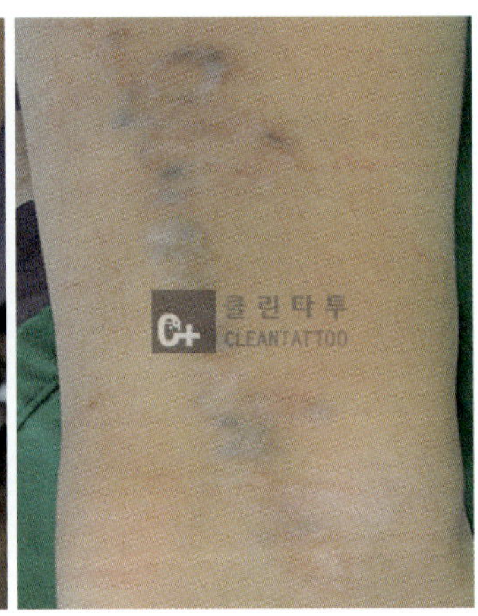
5차 시술 후

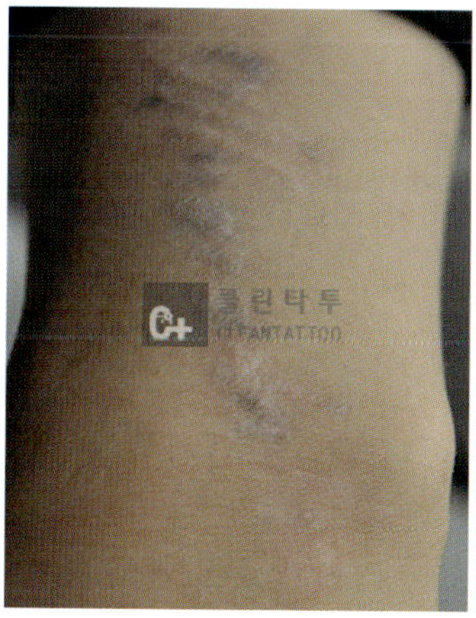

6차 시술 후

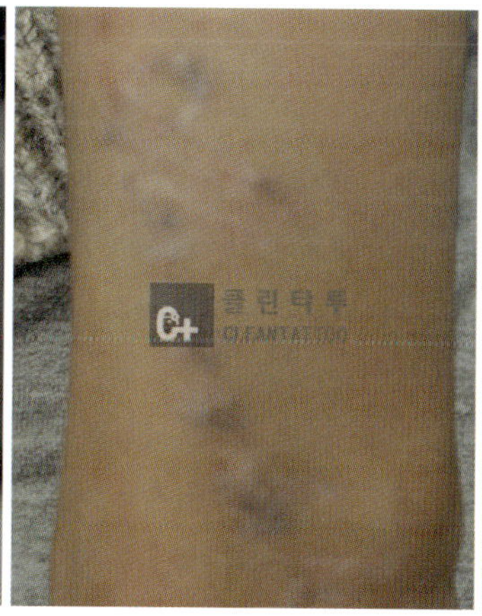

7차 시술 후

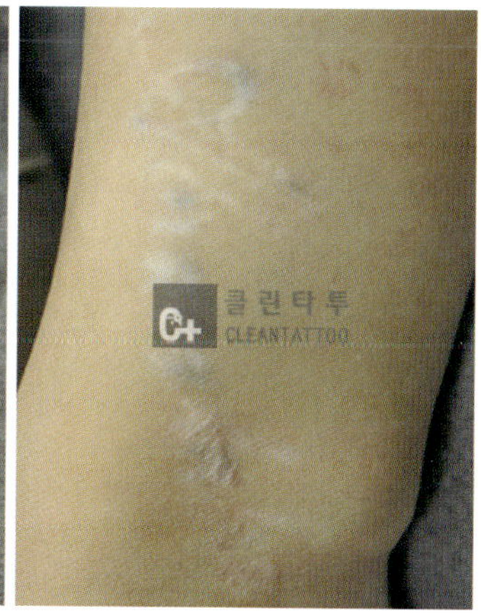

8차 시술 후

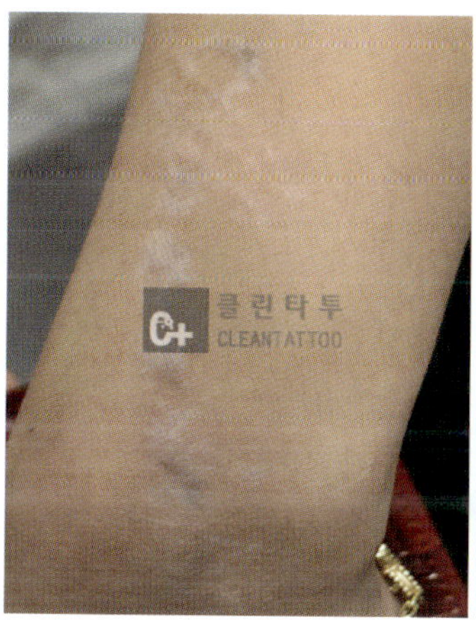

9차 시술 후

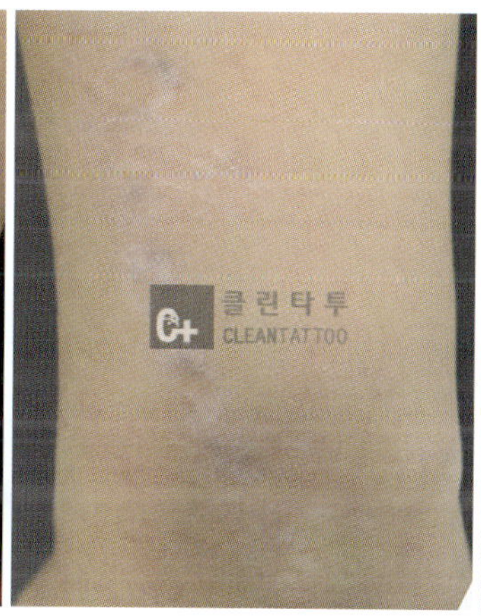

10차 시술 후

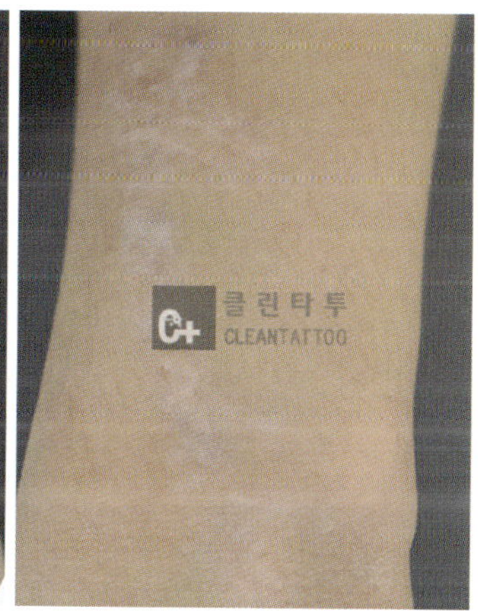

11차 시술 후

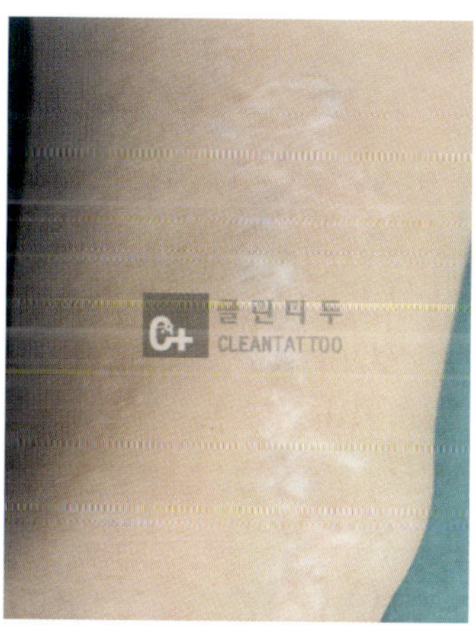

12차 시술 후

타 병원 흉터2

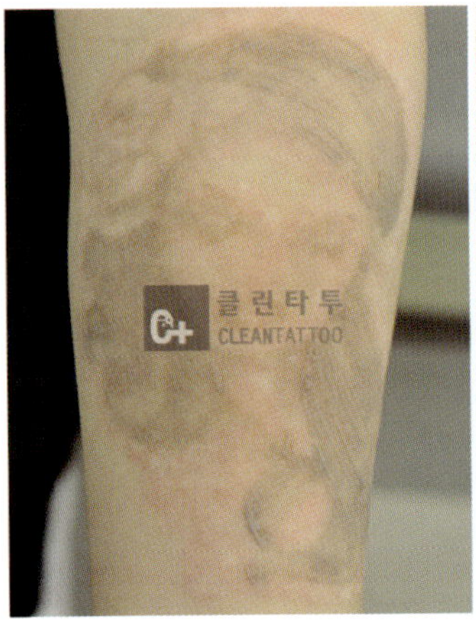

시술 전(타 병원 20회 시술 후)

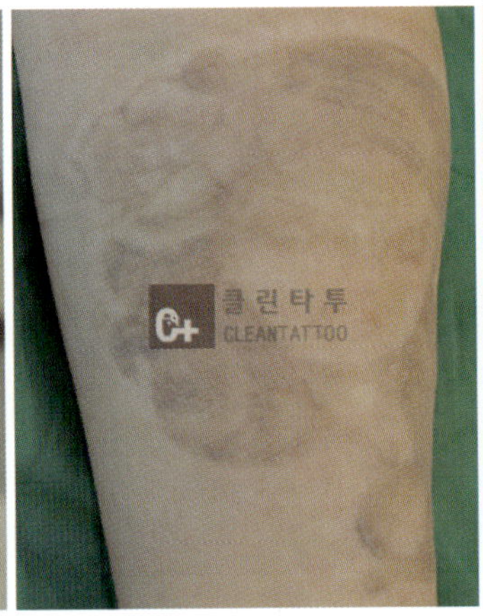

1차 시술 후

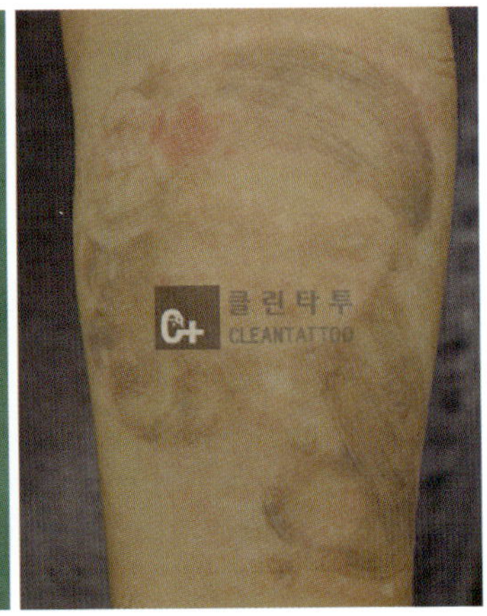

2차 시술 후

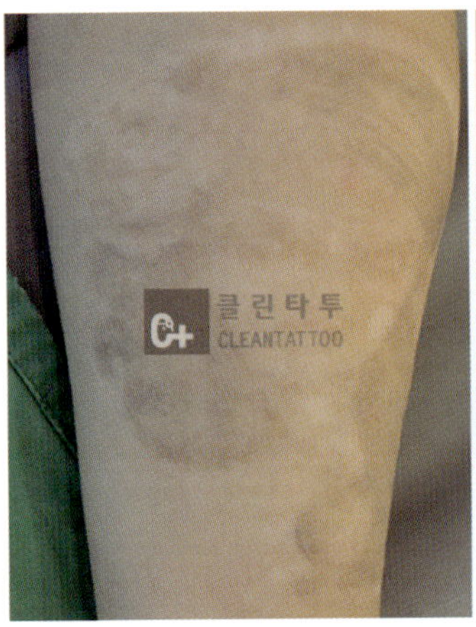

3차 시술 후

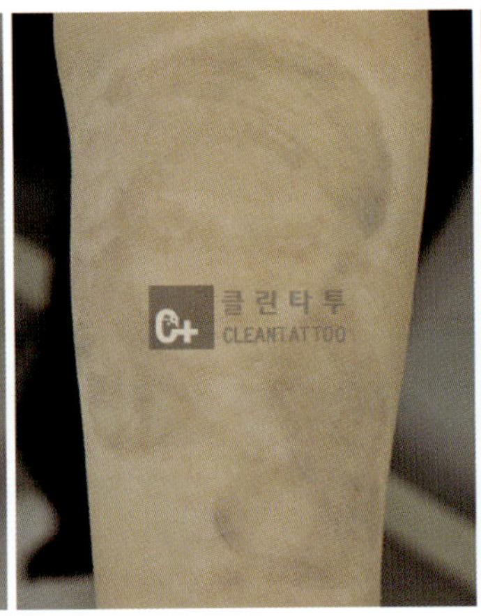

4차 시술 후

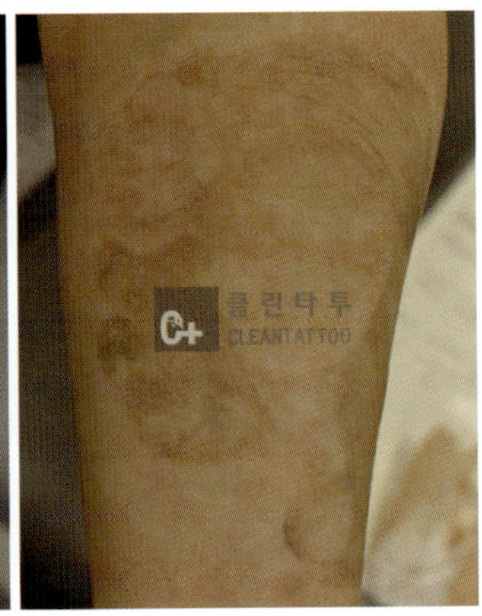

5차 시술 후

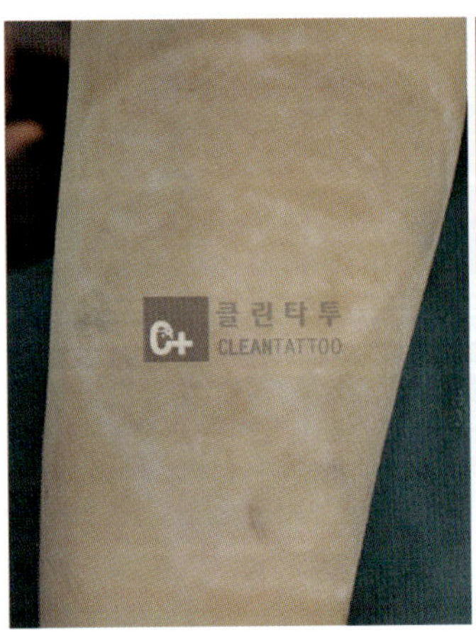

6차 시술 후

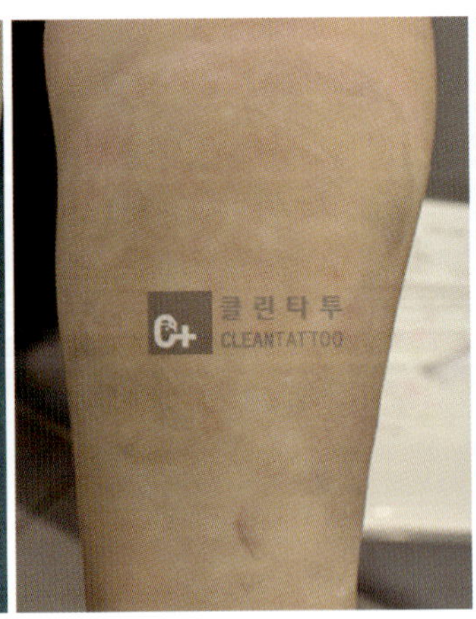

7차 시술 후

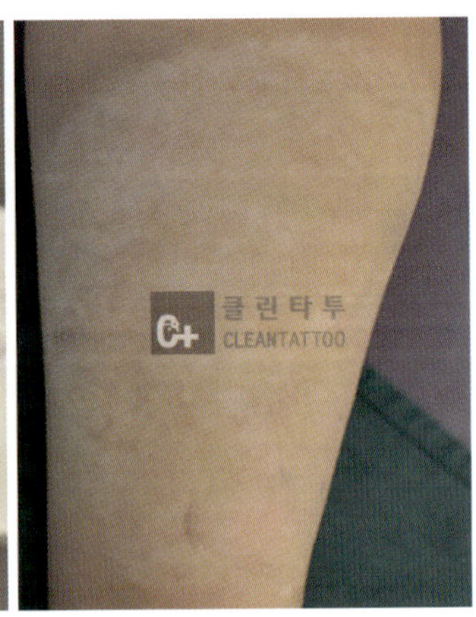

8차 시술 후

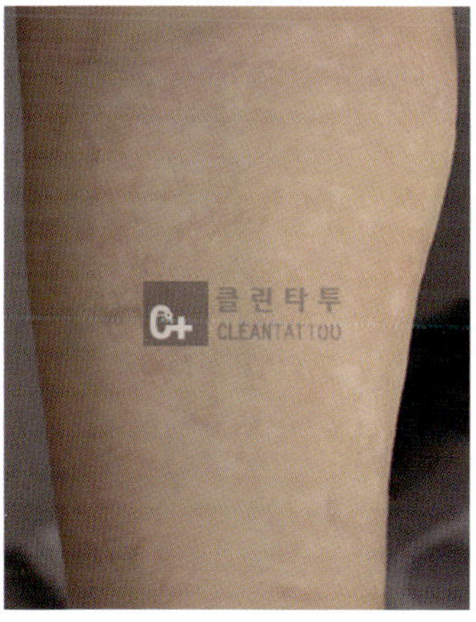

9차 시술 후

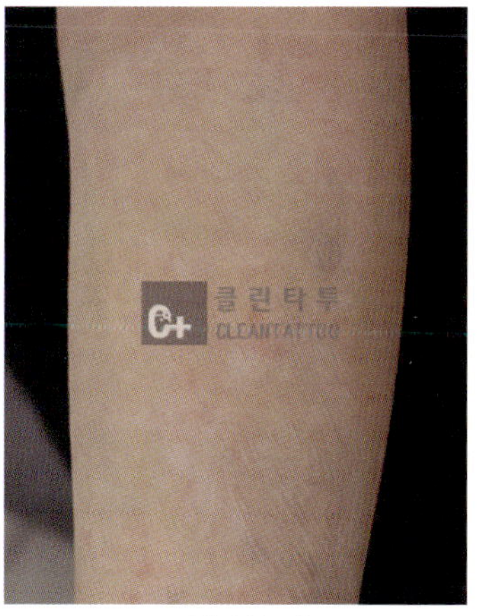

10차 시술 후

문신을 하려고 하거나 지우고자 하시는 분들께 드리는 말씀 (맺음말)

본원은 2008년부터 문신제거 시술을 메인으로 한 뒤, 병원명을 메디에스의원(피부과)에서 클린타투의원으로 변경하고 14년이 흘렀다. 어느덧 국내뿐 아니라 전 세계에서도 문신을 가장 많이 지운 병원이 되었다.

문신제거 사진이 50만 장에 이르게 되었고 시술 환자 case가 어림잡아도 15만 명 전후에 이르게 되었다.

이 case는 전 세계 어느 병원에서도 이룰 수 없는 숫자라 생각한다. 왜냐하면 국내에서 아무도 문신을 전문적으로 지우지 않았을 때, 거의 혼자서 전문적으로 문신을 지웠기 때문에 가능한 숫자였다.

국내 모든 의사들의 문신제거 case를 합친 것이 이 정도 숫자가 될지 모르겠다. 병원은 의무적으로 시술 전후 사진을 차트처럼 남기기 때문에 실제 그 수를 세어보면 정말로 어떤 병원보다도 case가 많은지 확인할 수 있을 것 같기도 하다.

그래서 본원에서는 기네스북에 문신제거 횟수를 등재하고자 사진 파일을 첨부하여 준비하고 있다.

그동안 문신을 지우면서 수많은 환자와 대화하였고, 20년에 걸친 치료 기간 동안 많은 사연도 있었다.

최근 들어 문신제거 환자가 점점 많아져 본원에서는 피부과 미용치료는 20%도 하지 않고, 80% 정도를 문신제거만 하고 있다.

이토록 문신제거 환자가 많은 이유는 간단하다.

후회하기 때문에 지우러 오는 것이다.

미국의 한 조사 결과에 따르면 문신을 몸에 새긴 뒤 약 4~5년이 지나면 80% 이상의 사람들이 지우기를 희망한다고 한다.

그러나 특이한 점은, 문신을 새기기 시작한 초기에는 피부에 문신을 새기지 않은 부위가 남아 있으면 더 새기고 싶어 한다고 한다. TV에서 연예인이나 운동선수의 문신을 멋지다고 생각해, 이를 따라 하여 문신을 하지만 곧 후회하게 되는 경우가 많다는 것이다.

한국에서는 남자보다 여자가 문신을 더 많이 지운다. (남녀를 차별하는 것은 아니지만) 여자의 경우에는 보통 결혼 전에 문신제거를 희망한다. 이유는 여러 가지가 있겠지만 웨딩드레스 밖으로 문신이 보이는 것을 꺼리고, 시가 쪽에 문신을 보여주고 싶지 않은 마음이 크기 때문이라 생각한다. 그 외에도 연애를 할 때 사랑에 빠진 커플이 서로 상대방의 이름, 처음 만난 날을 새기기도 하는데, 사랑이 영원하면 좋으련만 헤어지는 경우에는 영락없이 문신을 지우러 온다.

취직 전에 문신을 지우러 오는 경우도 많다. 한국의 경우 군인, 경찰 등 공무원과 국가대표 운동선수, 실업팀 선수 등도 문신이 있으면 불이익이 있기에 문신을 지우러 오는 경우가 많았다. 그 외 일반 대기업이나 특별한 직업군에 종사하시는 분(서비스업에 종사하는 승무원이나 기장 등)들도 문신이 있으면 취업이 제한된다. 이와 같이 문신제거가 반드시 필요할 때 후회가 밀려오기 시작한다.

문신제거는 치과에서 교정하는 것처럼 문신의 종류에 따라 치료 기간이 1~3년까지 오랜 시간이 필요하고, 비용은 문신의 크기와 색상에 따라 다양하다. 전신 문신의 경우는 비용은 1억 원까지, 기간도 3년 이상도 걸릴 수 있다. 이런 분들이 경찰 등 공무원이 되고자 한다면 얼마나 후회를 많이 할지 여러분도 충분히 짐작할 수 있을 것이다.

물론 작고 예쁜 문신이라면 누구나 한 개쯤 갖고 싶어 할 수도 있다고 생각한다. 예쁜 문양을 작게 보이지 않는 부위에 하나 새기거나, 사랑하는 사람이나 부모님 등을 작게 새겨 놓은 경우는 지우기 아까운 경우도 있다. 저자는 이런 문신은 몸에 새겨도 크게 문제가 되지 않는다고 생각한다.

그러나 아직 한국에서는 얼굴, 목, 손등처럼 눈에 잘 보이는 곳에 문신을 하면, 아직도 사회생활에 지장이 있는 것이 확실한 것 같다. 별거 아닌 것 같지만 손등에 있는 문신 하나로도 기성세대들이 문신을 새긴 사람들을 오해하는 경우를 어렵지 않게 볼 수 있다.

그럼에도 불구하고 문신을 꼭 새기고 싶다면 기억했으면 하는 것이 있다.

첫 번째, 너무 크게 새기지 말 것

두 번째, 컬러 문신을 새기지 말 것(지우는 데 시간과 비용이 매우 많이 든다.)

세 번째, 보이지 않는 부위에 할 것(보이는 부위에 하면 5년이 아니라 시술 다음 날 후회할 수 있다.)

네 번째, 문신제거를 희망한다면 인터넷도 찾아보고 발품도 팔면서 문신을 제대로 지울 수 있는 곳을 찾아서 지우길 권한다. 그냥 아무 곳에나 가서 문신제거 시술을 받은 뒤 어마어마한 통증과 흉터를 남긴 채로 본원을 찾아오는 경우가 많다. 이러한 경우도 잉크는 다 지워낼 수 있지만 흉터가 남은 상태로 방문하게 되면, 평생 또는 오랜 기간 흉터를 안고 살아야 한다.

마지막으로 출판에 큰 도움을 주신 안태환 원장, 이민호 원장 그리고 주식회사 지금 홀딩스(피코덤) 김시정 대표님께 진심으로 감사를 표합니다.

문신 시장과 문신제거 시장이 점점 커지고 있다.

문신을 지우는 의사선생님이나 문신을 지우려는 이들에게 이 책이 도움이 되었으면 한다.

참고문헌

1. Negishi K, Akita H, Matsunaga Y. Prospective study of removing solar lentigines in Asians using a novel dual-wavelength and dual-pulse width picosecond laser. Lasers Surg Med 2018;50:851-8.
2. Doukas AG, Flotte TJ. Physical characteristics and biological effects of laser-induced stress waves. Ultrasound Med Biol 1996;22:151-64.
3. 강원형. 안면 색소질환 치료 - 강원형 박사의 레이저를 이용한 강원형. 한미의학. 2013.
4. Niemz MH. Laser-Tissue Interactions: Fundamentals and Applications. Springer. 2017.
5. V Bonito Philips Research, 2013 · core.ac.uk
6. Wang Z, Zhu G, Huang Y, Zhu C. Analytical model of microlens array system homogenizer. Opt Laser Technol 2015;07:001.
7. Faklis D, Morris GM. Spectral properties of multiorder diffractive lenses. Appl Opt 1995;34:2462-8.
8. Tanghetti EA. The histology of skin treated with a picosecond alexandrite laser and a fractional lens array. Lasers Surg Med 2016;48:646-52.

피코레이저의

임상적 활용 및 문신제거 시술기법

2024년 11월 20일 인쇄
2024년 12월 10일 발행

저자 | 박재웅, 안태환, 이민호

임프린트 | 도서출판 대한의학
발행인 | 신은주
책임편집 | 황인애
출판등록 | 2003년 9월 27일 제 25100-2014-000011호
발행처 | ㈜에스앤씨퍼블리싱
주소 | 서울특별시 구로구 디지털로 288 대륭포스트타워1차 1209호
전화 | (02)921-0653
e-mail | medbook2000@daum.net
홈페이지 | www.dhmbook.co.kr
www.medbook.co.kr

정가 | 60,000원
ISBN | 979-11-5590-294-3 93510